W0049331

Erlebte Verkaufspraxis

Von Frank Bettger ist folgender
Titel lieferbar:

Lebe begeistert und gewinne
Überarbeitete und erweiterte Neuausgabe

FRANK BETTGER

Erlebte Verkaufspraxis

Wie ich meinen Umsatz und mein Einkommen
vervielfachte

OESCH VERLAG

Titel der amerikanischen Originalausgabe:
How I Multiplied My Income and Happiness in Selling

Copyright © in the United States of America by
Prentice-Hall, Inc., Englewood Cliffs, NJ

Aus dem Amerikanischen übersetzt von
Ernst Steiger

CIP-Titelaufnahme der Deutschen Bibliothek

Bettger, Frank:

Erlebte Verkaufspraxis : wie ich meinen Umsatz
und mein Einkommen vervielfachte / Frank Bettger.
[Aus d. Amerikan. übers. von Ernst Steiger]. – Neuausg.,
[5. Aufl.], 20. – 23. Tsd. – Zürich : Oesch, 1990

Einheitssacht.: How I multiplied my income and happiness
in selling <dt.>
ISBN 3-85833-103-1

Alle Rechte vorbehalten
Nachdruck in jeder Form sowie die Wiedergabe durch
Fernsehen, Rundfunk, Film, Bild- und Tonträger
oder Benutzung für Vorträge, auch auszugsweise,
nur mit Genehmigung des Verlags

Copyright © der deutschen Ausgabe bei
Oesch Verlag AG, Zürich

Neuausgabe 1984
7. – 12. Tausend, 1986
13. – 16. Tausend, 1988
17. – 19. Tausend, 1989
20. – 23. Tausend, 1990

Schutzumschlag: Atelier Binkert, Regensberg
Druck und Bindung: Franz Spiegel Buch GmbH, Ulm
ISBN 3-85833-103-1

Vorwort zur Neuausgabe

Liebe Leserin
Lieber Leser
Frank Bettger ist in den USA längst zur Legende geworden. Seine Karriere mutet abenteuerlich, eben „typisch amerikanisch" an: Halbwaise mit fünf, Zeitungsverkäufer mit elf, Gehilfe eines Installateurs mit vierzehn Jahren. Danach wurde Bettger professioneller Baseballspieler. Nach einer Armverletzung, die ihm seinen Sport verunmöglichte, war er in den verschiedensten Jobs tätig — ohne jeden Erfolg, bis er seine Berufung zum Verkäufer entdeckte. Bald wurde Bettger zum erfolgreichsten Verkäufer ganz Amerikas. Seine Bücher und seine Vortragsreisen haben Generationen von Vertretern in den USA, aber auch in Deutschland und in der Schweiz geprägt.
In diesem Buch verrät uns der Autor sein Erfolgsgeheimnis, ein Geheimnis, das eigentlich gar keines ist: Bettgers Karriere wurde einzig durch harte Arbeit, auch an sich selbst — und durch die Fähigkeit von anderen zu lernen.
Bei der Neuausgabe seines seit Jahren im gesamten deutschsprachigen Raum erfolgreichen Werkes, standen wir vor der Frage, ob wir *Erlebte Verkaufspraxis* umarbeiten sollten. Nach vielen Überlegungen sind wir jedoch zum Schluß gekommen, daß alle Gedanken und Methoden des Autors heute ebenso frisch und gültig sind und bleiben, wie am Tage ihrer Niederschrift.
In diesem Sinne wünschen wir allen Lesern eine gewinnreiche und anregende Lektüre.

Oesch Verlag

Warum ich dieses Buch geschrieben habe

Im Sommer 1949 bestieg ich eines Tages den Zug, der mich von Philadelphia nach New York bringen sollte. Unter dem Arm trug ich das Manuskript eines Buches, an dem ich fünf Jahre gearbeitet hatte, und ich hoffte, dafür einen Verleger zu finden. Einige Monate später, als mein Buch („Lebe begeistert und gewinne", Oesch Verlag) auf der Bestellerliste (der Liste der am meisten verkauften Bücher) zu den „Großen Zehn" aufgerückt war, fühlte ich mich wie vor den Kopf geschlagen. Alles schien mir unwirklich und phantastisch.

Mein Erstaunen wuchs noch, als ich Briefe erhielt, worin mir für dieses Buch gedankt wurde, und in denen ich um weitere und nähere Einzelheiten über meine Verkaufstätigkeit gebeten wurde.

Ich hatte mein Buch vor allem meinen Grundsätzen, meinen Verkaufsmethoden und ihrer geistigen Untermauerung gewidmet. Jetzt aber wollten die Leser wissen, wie ich meine Grundsätze in der Praxis angewandt hatte; sie wollten den genauen Ablauf einer Verkaufsverhandlung, das Gespräch, die Argumente, Wort für Wort vernehmen. Sie wollten mehr wissen über meine ganze Art zu arbeiten, über meine Fragen an den Kunden und über meinen 13-Wochen-Plan zur Selbstorganisierung.

Das alles bedeutete mir viel Anerkennung, wenn man bedenkt, daß ich mich einst als „völligen Versager" betrachtet hatte.

Während einer langen Zeit beantwortete ich alle eingehenden Anfragen schriftlich und persönlich. Doch eines Tages, als mein Buch bereits in zwölf Sprachen erschienen war, wuchs mir die

Sache über den Kopf. Ich erhielt Briefe aus allen Teilen der Welt, und es wurde unmöglich, sie alle einzeln zu beantworten. Für mein Privatleben blieb überhaupt keine Zeit mehr.

Eines Tages dämmerte mir auf, was zu geschehen hatte. Alle die Fragen und Probleme, die ich versucht hatte, einzeln zu beantworten, drängten mich dazu, ein neues Buch zu schreiben.

Niemand möge glauben, dieses Buch sei auf Bestellung geschrieben worden. Es wuchs buchstäblich aus meiner Arbeit und aus meinen während 36 Jahren geführten Rapporten und Aufzeichnungen heraus. Es ist ein Spiegelbild der Vorträge, die ich während 12 Jahren vor über 150 000 Verkäufern gehalten habe, und es liegen ihm unzählige persönliche Gespräche mit diesen Menschen zugrunde.

Ich weiß heute, was jeder Verkäufer dringend wünscht: Er möchte mit einem der besten und erfahrensten Vertreter in die „Feuerlinie" gehen, um dort zuzuhören und zuzusehen, wie er arbeitet. Er möchte das „Wie" und das „Was" aus eigener Anschauung kennen lernen.

Und genau das ist es, was dieses Buch enthält: direkte Gespräche, praktische Akquisitionsmethoden, praktische Vorbereitung und praktische Selbstorganisierung.

Mein erstes Buch habe ich geschrieben, als ob Sie mir gegenübersäßen und ich Ihnen erzählen würde. Dieses neue Buch schrieb ich im Gedanken, daß Sie mein Partner wären, daß wir zusammen verkaufen und alle Schwierigkeiten gemeinsam überwinden müßten.

Wir wollen uns auf den Weg machen, und ich hoffe, wir werden uns gut verstehen.

Inhalt

Vorwort zur Neuausgabe 5

Warum ich dieses Buch geschrieben habe 7

I. Teil: Wie ich den Tiefen des Mißerfolges entrann

1. Zwei Hindernisse, die sich mir in den Weg stellten, als ich zu verkaufen anfing 15

2. Wie ich den Weg des Erfolges fand 22

3. Eine Entdeckung, die mich vom zweiundneunzigsten in den ersten Rang meiner Firma versetzte 29

4. Das schwierigste aller Probleme und wie ich damit fertig wurde 34

II. Teil: Der Ablauf des ganzen Verkaufsvorgangs

5. Das schwierigste Verkaufsproblem und wie ich es löse 51

6. Wie ich mir alle nötigen Tatsachen beschaffe und das Verkaufsgespräch vorbereite 56

7. Das eigentliche Verkaufsgespräch 60

8. Unbezahlbare Ratschläge für den Abschluß eines Geschäftes, die mir ein erfahrener „Veteran" vermittelte 65

9. Wie die richtigen Fragen einen skeptischen Kunden überzeugen können 68

10. Analyse der Grundsätze, die zu diesem Verkauf führten 76

III. Teil: Das grundlegende Geheimnis des Verkaufserfolges, und wie ich seine Anwendung kennen lernte

11. Das große Erfolgs-Geheimnis 85
12. Wie sich dieser Grundsatz in der Praxis bewährt . 88
13. Der Haupteinwand erwies sich als Verkaufssignal! . 92
14. Wie es mir gelang, schnellere und wirksamere Unterstützung durch meinen Arbeitgeber zu gewinnen .. 96
15. Der Verkauf *vor* dem Verkauf 98
16. Wie ich einen Abschluß verlor, jedoch etwas gewann, das weit mehr wert war als meine Provision 102
17. Ein bewährter Satz, der mithilft, den Horizont des Zuhörers zu erweitern 106
18. Wie man Klippen im Verkaufsgespräch überwindet 110
19. Wie ich vorgehe, wenn einer oder mehrere Mitbeteiligte gegen den Kauf sind 116
20. Eine meiner besten Abschlußmethoden 122

IV. Teil: Die beste Abschlußtechnik der Welt

21. Wie ich lernte, Verkäufe zum Abschluß zu bringen 131
22. Eine wirksame, überzeugende Geschichte 134
23. Die Felix-Isman-Geschichte 138
24. Diese Geschichte hilft mir, zusammen mit dem Antrag einen Check zu erhalten 140
25. Wie man jungen Ehepaaren den Kaufentschluß erleichtert 143
26. Bringe deine eigenen Zeugen! 145
27. Diese Geschichte begründet eine große Universität und den erfolgreichen Studienabschluß von unzähligen jungen Menschen 150

V. Teil: Ein neues Geschäftsgebiet,
das mich in die ersten Ränge versetzte

28. Als ich für einen großen Verkäufer Vorspanndienste
leisten mußte 157
29. Was hinter meinen größten Verkäufen steckt 164
30. Diese Geschichte brachte mir viele große Aufträge ein 170
31. Erstens kommt es anders, und zweitens als man denkt 174
32. Wie man durch Ideen das Kaufinteresse wecken kann 183
33. Wie man den richtigen Mann trifft 196
34. Er wollte nichts von einem Vertreter wissen — doch
ich schloß über 137000 Dollar mit ihm ab 200

VI. Teil: Jeder Arbeiter ist seines Lohnes wert

35. Etwas, das mich mehr Zeit und Energie kostete, als
ich dachte 213
36. Zum Teufel damit! 218
37. Geben ist besser als nehmen 223

VII. Teil: Wenn Sie mein eigener Bruder wären...

38 Warum ein guter Verkäufer versagte 231
39. Wenn Sie mein eigener Bruder wären, würde ich Ihnen das Folgende sagen 235
Frank Bettgers 13-Wochen-Plan zur Selbstorganisierung . 239

11

Wie ich den Tiefen des Mißerfolges entrann

1.

Zwei Hindernisse, die sich mir in den Weg stellten, als ich zu verkaufen anfing

Ich beginne dieses Buch mit einer Erfahrung aus meiner Tätigkeit als Baseballspieler. Sie mögen denken, dies habe nichts mit Verkaufen zu tun. Ich bitte Sie aber, weiterzulesen...
Ich war in eine bekannte Mannschaft der Nationalliga aufgerückt und kam mit den besten Spielern Amerikas in Kontakt. Während Jahren hatte ich davon geträumt, mit diesen berühmten Sportsleuten zusammenzukommen — und nun war es endlich soweit! Alles kam mir vor wie ein Traum, und während zwei Jahren fühlte ich mich wie im siebenten Himmel.
Plötzlich und unerwartet wurde ich aus diesem Team gerissen. Ich spielte in Chicago, warf den Ball, etwas knackte in meiner Schulter — und der Traum war ausgeträumt.
Noch gestern war ich ein bekannter Sportsheld. Heute eine Null. Eine Null mit einem Arm aus „Glas". Ein heimtückischer Unfall verwandelte mich in einer Sekunde von einem der ersten Spieler der Nationalliga in irgendeinen der vielen Arbeitsuchenden. Ich erinnerte mich an die Worte eines alten Mannes, der mir einmal gesagt hatte: „Wenn du je arbeitslos wirst, dann packe die erste Arbeit, die sich dir bietet, auch wenn es Tellerwaschen ist, und dann schaue dich nach etwas Besserem um!"
Ich kehrte nach Philadelphia zurück, wo sich nichts als Schwie-

rigkeiten zeigten; ich hatte keine Ausbildung, keine geschäftliche Erfahrung, kein Geld — und meine Miete war überfällig. Alles war eine einzige Tragödie.

Ich übernahm eine Stelle als Kassier einer Abzahlungsfirma für Möbel, und während zwei Jahren verdiente ich mein Brot mit dem Inkasso fälliger Raten, indem ich mit dem Fahrrad die Straßen Philadelphias abfuhr und die „bequemen wöchentlichen Raten" einkassierte. Diese Beschäftigung war weit entfernt vom Leben eines gefeierten Sportsmannes, und Applaus gab es dabei keinen...

Eines Tages, als ich die Straßen entlangradelte, rief jemand: „Hallo, Frank! Frank Bettger!" Ich blickte zurück und sah Charlie Miller, einen alten Freund aus meiner Baseballzeit. Ich schämte mich und wäre lieber auf- und davongelaufen, doch da Charlie wartete, stieg ich ab und ging zurück. Ich war überrascht, wie gut er gekleidet war und wie gewandt er sich ausdrückte. Charlie hatte sich sehr zu seinem Vorteil verändert. Als ich ihn kannte, war er irgendein unbedeutender Baseballspieler, der sich darum bemühte, in eine höhere Klasse aufzusteigen.

„Frank", sagte er, „ich habe endlich eingesehen, daß mir das Zeug zu einem guten Spieler fehlt. Ich vergaß meine Baseballträume und entschloß mich, etwas aus mir zu machen. Ich arbeite jetzt im Versicherungsgeschäft."

Was Charlie getan hatte, sollte mir unmöglich sein? Während Tagen beschäftigte mich diese Frage.

Kurz darauf mußte ich einen Kunden besuchen, bei dem vor einigen Tagen Möbel abgeliefert worden waren. Der Chauffeur hatte den Kunden nicht persönlich getroffen und konnte die Anzahlung deshalb nicht kassieren. Ich fuhr mit meinem Fahrrad an die mir bekanntgegebene Adresse und erwartete einige Schwierigkeiten. Der Hausherr empfing mich aber sehr freundlich und lud mich ein, das Wohnzimmer zu betreten.

„Sie ersparen mir einen Gang", sagte er, „ich wollte das Geld soeben persönlich überbringen. Hier ist es!" Mit diesen Worten übergab er mir den ganzen Betrag der Rechnung.

Ich bedankte mich, und wir unterhielten uns noch während einiger Minuten. Er begleitete mich zur Tür, verabschiedete sich und ich bestieg mein Fahrrad. Im letzten Augenblick sagte er, er würde gerne noch etwas mit mir besprechen. Ich möge noch einmal hereinkommen.

Ich war neugierig, und er bat mich, Platz zu nehmen. „Sie sehen zu gut aus, um eine Arbeit wie diese auszuführen", sagte er. „Sind Sie verheiratet?" Ich nickte. „Kinder?" — „Einen kleinen Jungen", sagte ich.

„Würden Sie mir sagen, was Sie jetzt verdienen?" fragte mich der Mann.

„18 Dollar die Woche", sagte ich.

Am nächsten Nachmittag traf ich ihn wieder in seinem Büro. Er war Vizedirektor der Filiale einer großen Versicherungsgesellschaft, und ich wurde dem Direktor vorgestellt. Dieser war der größte Redner, den ich je in meinem Leben gehört habe. Nach einer Stunde hatte er mich so begeistert, daß ich nur darauf brannte, einen Anstellungsvertrag zu unterschreiben. Doch unermüdlich sprach er weiter, und nach einer weiteren Stunde stiegen mir leise Zweifel auf, ob ich mich für diese Arbeit eignen würde. Es war Winter, und langsam wurde es dunkel draußen. Wir hatten die Unterredung um 2 Uhr begonnen, doch der Mann schien nicht daran zu denken, seinen Redefluß endlich abzubrechen. Um 6 Uhr sprach er immer noch unermüdlich, und ich schwor mir, nie wieder in sein Büro zurückzukehren, wenn ich es einmal verlassen hätte.

Einige Tage später erinnerte ich mich daran, daß der Vorsitzende eines Baseballklubs, in dem ich einst gespielt hatte, Sekretär der Fidelity Mutual Lebensversicherungs-Gesellschaft war. Er hieß Charles G. Hodge, und ich entschloß mich, ihn um Rat zu fragen. Zwei Wochen später war ich angestellt.

An einem Montagmorgen zog ich meinen Sonntagsanzug an und verließ meine Wohnung ohne Fahrrad. Ich war Vertreter einer Lebensversicherung! Das Datum werde ich nie vergessen: es war der 15. Februar 1916... mein Geburtstag. Ich war achtundzwanzig Jahre alt.

Trotzdem fühlte ich mich nicht glücklich. Ich ängstigte mich und erwartete nichts Gutes. Meine einzige Hoffnung bestand darin, daß ich durch diese neue Tätigkeit mit anderen Geschäften in Berührung kam und vielleicht etwas finden könnte, was ich auch beherrschen würde; irgend etwas, womit ich meinen Lebensunterhalt ohne Fahrrad verdienen konnte.

Gleich zu Beginn machte mir die Tatsache zu schaffen, daß ich nur eine Liste von 37 Namen zusammenstellen konnte: Leute, die ich kannte und die sich vielleicht eine Lebensversicherung leisten konnten. Ich war so lange von Philadelphia fort gewesen, daß ich viele Verbindungen und Kontakte verloren hatte, und nur wenige meiner Bekannten verdienten so viel, daß sie sich mehr als lediglich eine Bestattungs-Versicherung erlauben konnten — wie dies bei mir der Fall war.

Ich ordnete die 37 Adressen nach geographischen Gesichtspunkten. Zuerst besuchte ich einen alten Freund namens Warren Moss, mit dem ich einmal zusammen die gleiche Schule besucht hatte. Er war inzwischen ein bekannter Architekt geworden, und ich fürchtete, er würde mich rasch abfertigen.

Es regnete Bindfäden, als ich die Haustüre zu seinem Büro betrat. Zwei andere Männer, die soeben aus dem Haus kamen, stießen mich zur Seite und spannten ihre Schirme auf, und vor mir stand mein Freund Warren Moss. Ich hatte ihn seit Jahren nicht mehr gesehen, und er muß meine innere Spannung gefühlt haben. Mit einem warmen Lächeln rief er: „Frank Bettger! Was in aller Welt tust du hier?"

„Ich verkaufe Lebensversicherungen", sagte ich und bemühte mich, natürlich und freundlich auszusehen.

„Lebensversicherungen?" fragte er erstaunt, „und wie lange machst du das schon?"

„Ich habe eben begonnen. Du bist mein erster Versuch."

Er schaute mich an, als ob er mir nicht glauben würde. „Ralph", rief er jemandem zu. Es war Warrens jüngerer Bruder. „Erinnerst du dich an Frank Bettger?" fragte Warren, „er ging mit uns zur Schule."

„Natürlich erinnere ich mich", sagte Ralph.

„Was glaubst du, was Frank jetzt macht?" fragte Warren seinen Bruder.

„Keine Ahnung."

„Er verkauft Lebensversicherungen, und das ist sein erster Besuch."

Auch Ralph machte ein verblüfftes Gesicht, und ich fragte: „Was ist denn so absonderlich an dieser Beschäftigung?"

„Hast du die beiden Männer gesehen, die soeben das Haus verlassen haben?" fragte Warren.

„Ja."

„Nun", sagte Warren lachend, „der eine ist der Vertreter der Provident Mutual, und der andere ist der Arzt, der Ralph für einen Abschluß von 10000 Dollar untersuchte. Wenn du nur einige Tage früher gekommen wärest, hättest du das Geschäft selber machen können."

Ich muß ein ziemlich dummes Gesicht gemacht haben, und während der ganzen Woche gelang es mir nicht, dieses Mißgeschick zu vergessen.

Am Samstagnachmittag stand ich um 13.20 Uhr an der Ecke der Vine Street, enttäuscht, hungrig und mutlos. Einen Lunch konnte ich mir nicht leisten, und ich fühlte mich miserabel. Von meinen 37 Adressen hatte ich deren 36 besucht, und alles, was ich geerntet hatte, war Enttäuschung und Mißerfolg. Einige meiner früheren Freunde waren ziemlich rücksichtslos gewesen, und ich fragte mich, warum ich gerade diese Arbeit gewählt hatte.

Auf meiner Liste war nur noch ein Name übrig. „Was nützt es schon, ihn auch noch aufzusuchen", dachte ich. „Es ist doch überall dasselbe."

Doch eine innere Stimme flüsterte mir zu: „Er ist nur einige hundert Meter von hier. Vermutlich wird er gar nicht zu Hause sein; doch wenn du alle 37 besucht hast, wirst du wenigstens die Befriedigung haben, deine Pflicht getan zu haben, bevor du aufgibst."

In der Hoffnung, Harry möchte nicht zu Hause sein, suchte ich seine Adresse auf. Ich war erstaunt, sein Büro in einem gut aussehenden Haus anzutreffen. Die große Firmaaufschrift lautete:

HENRY SCHMIDT & BRO.

PAPIERWARENFABRIKATION

Ich blickte mich um und hoffte, das Büro möchte geschlossen sein. Es war aber offen, und ich sah, daß alle Angestellten das Büro verlassen hatten — und in diesem Augenblick kam Harry Schmidt selber auf mich zu.

Er erkannte mich sofort und sagte: „Hallo, Frank — was tust du hier?" Dabei schüttelten wir uns die Hände.

„Ich wollte dich besuchen, Harry", sagte ich.

„Komm in mein Büro", sagte er und lud mich dort ein, Platz zu nehmen. „Was treibst du, Frank?"

„Ich verkaufe Lebensversicherungen", sagte ich ziemlich kleinlaut.

„Was du nicht sagst! Ich besitze mehrere Policen bei der Provident Mutual. Das ist doch eine gute Gesellschaft, nicht wahr?"

Ich kannte die Provident Mutual, wußte aber weiter nichts über sie, sagte jedoch: „Gewiß, es ist eine gute Versicherung."

„Schau dir das einmal an", sagte er, indem er den Kassenschrank öffnete und mir einige Policen überreichte. „Ich bin der Meinung, sie seien zu teuer. Was hältst du davon?"

Ich verstand noch nicht viel von Lebensversicherungen, doch immerhin hundert Prozent mehr als Harry Schmidt. Es handelte sich um zwei Policen à 1000 Dollar mit einer Laufzeit von 15 Jahren. Die jährlichen Raten beliefen sich auf 65 Dollar pro Police.

„Ist das nicht enorm viel?" fragte Harry.

„Ja", sagte ich. „diese Versicherungsart ist immer ziemlich teuer."

Für welchen Preis könntest du mich für 2000 Dollar versichern?" fragte Harry.

Ich zog meinen Tarif aus der Tasche und sah, daß die Jahresprämie bei einem Alter von 27 Jahren nur 34 Dollar per Tausend betrug. Ich sagt: „Für 68 Dollar, Harry."

Er zählte die 68 zu den 130 Dollar, die er bereits bezahlte, und sagte: „Gut, dann versichere mich noch für weitere 2000 Dollar."

Ich hatte meine erste Police abgeschlossen!

Harry hatte damals keine Ahnung, was das für mich bedeutete. Ich war fast zu aufgeregt, um die Anmeldung auszufüllen, und als mir Harry einen Check für eine Jahresprämie überreichte, hätte ich ihn am liebsten umarmt.

Das war vor ziemlich genau 37 Jahren. Die Police, die ich damals ausstellte, ist immer noch in Kraft — natürlich voll bezahlt. Im Laufe der Jahre habe ich Harry Schmidt noch mehrmals für viel höhere Beträge versichert, darunter 150 000 Dollar auf sein Leben, nachdem er Präsident der Gesellschaft geworden war, doch kein Geschäft, das ich je abschloß, war für mich so wichtig, wie dieser erste Auftrag. Ich bekam neuen Mut und gewann das Vertrauen, um weiterzumachen.

Oft habe ich daran gedacht, daß ich vermutlich den Beruf aufgegeben hätte, wenn ich an jenem Samstagnachmittag nicht noch den einzigen und letzten Besuch gemacht hätte.

2.

Wie ich den Weg des Erfolges fand

Acht Jahre Tätigkeit als professioneller Baseballspieler schienen für mich ein großes Hindernis zu sein. Während des ersten Jahres als Versicherungsvertreter gab es kaum einen Tag, da ich mich nicht ernsthaft mit dem Gedanken befaßte, aufzugeben, und nach zehn Monaten war ich sogar gezwungen, eine andere Stelle zu suchen, weil mir die Gesellschaft mein Konto sperrte. Mehrere Tage lang war ich unterwegs und besuchte Firmen, die eine Arbeit zu vergeben hatten, doch bei meinem Mangel an Ausbildung und Erfahrung wurde ich überall abgewiesen. Ich versuchte sogar, erneut bei George Kelly unterzukommen und meine alte Arbeit zu 18 Dollar die Woche als Kassier wieder aufzunehmen, doch man zeigte mir die kalte Schulter. Ich war nicht nur entmutigt, sondern am Rande der Verzweiflung.

Wenn Sie mein Buch „Lebe begeistert und gewinne" gelesen haben, dann erinnern Sie sich vermutlich daran, daß ich eines Morgens nochmals mein Büro bei der Versicherungsgesellschaft aufsuchte, um einige persönliche Sachen abzuholen. Gleichzeitig fand eine Vertreterkonferenz statt, und als ich mein Pult ausräumte, vernahm ich zufällig die Worte des Präsidenten der Gesellschaft, Walter Talbot, der zu den Vertretern sprach. Ein Satz davon hatte auf mein Leben einen entscheidenden Einfluß. Er lautete:

„Meine Herren, die ganze Verkaufsarbeit besteht im Grunde genommen aus einem einzigen Punkt: Kunden besuchen. Zeigen Sie mir einen Vertreter, der pflichtbewußt jeden Tag seine fünf Kunden besucht, ihnen seine Geschichte erzählt — und ich will Ihnen einen Mann zeigen, der nicht darum herumkommt, Erfolg zu haben!"

Dieser einzige Satz riß mich an meine Arbeit zurück. Während der nächsten zehn Wochen verkaufte ich mehr Versicherungspolicen als in den zehn vorangegangenen Monaten! Es war nicht sehr viel, doch ich hatte den Beweis, daß Talbot wußte, was er sagte. *Auch ich konnte verkaufen!*
Trotzdem ging es nicht lange, bis ich wieder in meine alte Gewohnheit zurückfiel, zu wenig Kunden zu besuchen. Beim Baseball sagte man: „Du triffst nicht, wenn du sie (die Bälle) nicht siehst." Wenn ich nicht fortfuhr „sie zu sehen", würde ich bald wieder hinausgeworfen werden.
Eines Tages erhielt ich von der Firma einen Kontoauszug. Die Endsumme lautete auf 478 Dollar zu meinen Ungunsten. Dies gab mir einen inneren Schock. An einem Samstagnachmittag ging ich aufs Büro, schloß mich in ein kleines Besprechungszimmer ein und ging mit mir scharf ins Gericht. Was war los mit mir? Wo fehlte es bei mir? Ich erinnerte mich an einen Artikel, den ich einige Wochen zuvor in einer Zeitschrift gelesen und den ich ausgeschnitten und aufbewahrt hatte. Er lag noch immer in meiner Schublade, und ich las ihn noch einmal...

Eine Idee, die 25000 Dollar wert war

Ein Wirtschaftsorganisator namens Ivy Lee sprach bei Charles Schwab, dem Präsidenten der Bethlehem Steel Company, vor, um ihm seine Dienste anzubieten. Er erklärte Schwab die Dienste seiner Organisation und sagte: „Mit unserer Hilfe werden Sie besser arbeiten!"

„Zum Teufel", rief Schwab aus, „ich arbeite nicht so gut, wie ich es *könnte*. Was wir brauchen, ist nicht „Wissen", sondern Aktivität. Wenn Sie uns so weit bringen, daß wir die Dinge *ausführen*, die wir wissen, werde ich Ihnen mit Vergnügen zuhören und Ihnen jeden Preis dafür zahlen."

„Sehr gut", sagte der Experte. „Ich kann Ihnen in 20 Minuten etwas geben, das Ihre Aktivität um 50 Prozent steigern wird."

„Okay", sagte Schwab, „her damit! Ich habe gerade noch soviel Zeit bis zur Abfahrt meines Zuges."

Lee überreichte Schwab ein weißes Blatt Papier und sagte: „Notieren Sie hier die sechs wichtigsten Dinge, die Sie morgen erledigen müssen."

In 3 Minuten war Schwab soweit.

„Und jetzt numerieren Sie die einzelnen Punkte nach ihrer Wichtigkeit."

Schwab benötigte dazu 5 Minuten.

„Und nun stecken Sie dieses Blatt in Ihre Brieftasche. Morgen früh legen Sie es auf Ihr Pult und arbeiten, bis Punkt 1 erledigt ist. Dann nehmen Sie Punkt 2 an die Reihe, nachher Punkt 3 und so weiter. Wenn Sie am Abend nicht mit allen Punkten fertig geworden sind, brauchen Sie sich deswegen keine Sorgen zu machen. Sie wissen, daß Sie an den wichtigsten Dingen arbeiten, alles andere kann warten. Falls es Ihnen nicht gelingt, mit dieser Methode fertig zu werden, werden Sie das Problem auch mit keiner anderen lösen. Arbeiten Sie jeden Tag nach diesem System, und wenn Sie davon überzeugt sind, veranlassen Sie Ihre Mitarbeiter, es ebenfalls anzuwenden. Probieren Sie es aus, solange Sie wollen, und dann senden Sie mir einen Check für das, was es Ihnen wert ist."

Das ganze Interview dauerte ungefähr eine halbe Stunde, und

nach einigen Wochen sandte Schwab dem Experten einen Check von 25 000 Dollar. Im Begleitbrief hieß es, dieser Rat sei der beste gewesen, der ihm je zu Ohren gekommen sei. Nach fünf Jahren war es zur Hauptsache dieser Arbeitsmethode zuzuschreiben, daß sich die unbekannte Bethlehem Steel Company zum größten unabhängigen Stahlproduzenten der Welt entwickelt hatte. Charles Schwab gewann dadurch ein Vermögen von 100 Millionen Dollar und wurde der bekannteste Stahlmagnat der Welt.

Ich dachte, was ein so hervorragender Geschäftsmann und Organisator wie Charles Schwab als „das Beste, was ihm je zu Ohren gekommen war" bezeichnete, könnte auch einem Frank Bettger gute Dienste leisten. War ich nicht ein Narr, wenn ich mir dies nicht zunutze machte?

Herr Talbot hatte mir gezeigt, *was* ich tun mußte, doch er hatte mir nichts gesagt, *wie* es anzupacken sei. Nun hatte mir Charles Schwab den praktischen Weg gewiesen.

Diese 25 000-Dollar-Idee, von der Charles Schwab sagte, sie habe ihm Millionen eingebracht, gab mir die Grundlage für einen eigenen Aktionsplan, der mir Erfolge brachte, die ich in meinen kühnsten Träumen nicht für möglich gehalten hätte.

Ich möchte nun darüber berichten, wie es mir gelang, meinen Verkaufsdurchschnitt von *einem* Abschluß auf 29 Besuche, auf 20, 15, 10 und schließlich auf 1 : 3 zu bringen, und wie mein Plan den Geldwert meiner Besuche von 2,30 Dollar auf 19 Dollar erhöhte.

Anstatt meine Arbeit von Tag zu Tag zu planen, kam ich auf die Idee, jeden Samstag von 8 — 13 Uhr oder wenn nötig den ganzen Tag daran zu verwenden, die kommende Woche vorauszuplanen. Ich bezeichnete den Samstag als „Selbstorganisationstag". Jede Woche sah ich alle meine Rapporte durch, ergänzte sie und zog meine Schlüsse daraus. Dann machte ich mich daran, jeden einzelnen Tag der kommenden Woche einzuteilen: *Wen* würde ich besuchen, *was* würde ich ihm sagen? Zwischen 10 und

12 Uhr telefonierte ich den Kunden, um feste Abmachungen zu treffen.

Ich fand heraus, daß man in der Fähigkeit zu *planen* ebenso große Fortschritte wie beim Geigenspiel oder irgendeiner andern Tätigkeit, die man übt, machen kann. Jede Woche plante ich besser und sinnvoller, und manchmal gelang es mir, zwei der drei Wochen im voraus einzuteilen. Dazu benötigte ich 5 — 6 Stunden intensivster Arbeit; doch mit den Jahren konnte ich den Selbstorganisationstag auf den Freitagvormittag vorverlegen und den Rest der Woche mein Weekend genießen.

Es liegen enorme Vorteile in der Vorausplanung einer ganzen Woche. Jeden Tag um 2 Uhr telefonierte ich auf mein Büro, anstatt dort mit allerlei Dingen Zeit zu verlieren, die nichts einbrachten, oder mit andern Vertretern unnütze Dinge zu besprechen, bis die besten Stunden des Tages verloren waren. Solche Gewohnheiten hatten mich bisher von der Straße, d. h. von meinen Kunden, ferngehalten.

Ich trug immer genügend Kleingeld in der Tasche, und viele meiner Verabredungen mit Kunden wurden in irgendeiner öffentlichen Telefonkabine getroffen. Wenn es unumgänglich war, im Laufe der Woche das Büro aufzusuchen, verließ ich es immer wieder so rasch wie möglich und erledigte meine Telefone von einer Kabine aus, damit mich nichts mehr davon abhalten konnte, meine Kunden aufzusuchen.

Ich war erstaunt, festzustellen, daß Geschäftsleute vielfach nichts dagegen hatten, mich in meinem Büro aufzusuchen, um ihre Probleme zu besprechen. In solchen Fällen gab ich der Telefonistin die Weisung, mich durch keine Anrufe zu stören, und wenn die Besprechung zu Ende war, nahm ich meinen Hut und begleitete den Kunden bis zur Haustüre; dies alles, um mich vor der Versuchung zu bewahren, im Büro sitzen zu bleiben, anstatt Kunden zu besuchen.

Ungefähr um diese Zeit las ich in Benjamin Franklins Autobiographie die Worte: „*Frühaufsteher leben durchschnittlich länger und erreichen mehr.*" Als Benjamin Franklin dies entdeckt hatte, stand er regelmäßig um 5 Uhr früh auf. Ich selbst stellte meinen Wecker anderthalb Stunden früher und trat dem „Sechs-Uhr-Club" bei. Dadurch gewann ich täglich eine Stunde, um zu lesen und meine Geschäfte vorzubereiten, meinen Tagesplan zu überprüfen und jeden einzelnen Besuch besser zu überlegen. Diese stille Morgenstunde wurde für mich die wichtigste des ganzen Tages.

Nachdem ich früher aufstand, ging ich auch früher zu Bett — und ich gedieh prächtig dabei. Am Abend kam ich früher nach Hause und machte ein kleines Nickerchen vor dem Nachtessen. Ich ziehe es vor, viereinhalb Tage die Woche nach einem festen Plan zu arbeiten und etwas zu erreichen, als die ganze Woche planlos herumzurennen und dabei nicht vorwärts zu kommen. Ich nannte meine Methode den „13-Wochen-Selbstorganisierungsplan". Sein Schema findet der Leser am Schlusse des Buches, und dieser Plan hat mein Leben buchstäblich um zehn Jahre verlängert. Dies scheint unglaublich, ist aber keineswegs übertrieben. Ich gewann dadurch den größten Luxus, den man im Leben besitzen kann: *genug Zeit!* Zeit, um mich zu entspannen, meinen Liebhabereien nachzugehen, Ferien zu machen, nachzudenken und meine Fähigkeiten zu steigern. Ohne diesen Plan wäre es mir unmöglich gewesen, meine Begeisterung wachzuhalten, und es ist meine feste Überzeugung, daß jemand, der seine Begeisterung aufrecht erhalten kann, praktisch alles erreicht, was er sich vornimmt.

Möchten Sie erfahren, wie ein Verkäufer trotz verschärfter Konkurrenz seinen Umsatz steigern kann? Ich will Ihnen dafür nur zwei Beispiele geben:

Henry W. Reis jr., ein Verkaufsdirektor der International Business Machines, sagte an einer Konferenz vor 500 Verkaufsleitern und Vertretern: „Der I.B.M.-Wochenplan, das wichtigste Werkzeug für unsere Vertreter, ermöglichte uns, die Anzahl der Vertreterbesuche von täglich 8,8 auf 10 zu steigern. Die Erfahrung hat uns gezeigt, daß es keinen Ersatz für persönliche Besuche gibt. Verkäufer, die dies erfaßt haben, bringen in der Regel die meisten Bestellungen."

Als der Umsatz einer Bürstenfabrik, deren Vertreter Privatbesuche machen, zurückging, wurde die Anzahl der Kundenbesuche um 5 Prozent erhöht. Dadurch gelang es, die schwere Krise von 1938 zu überwinden. Diese Methode hat sich auch heute, in einer Zeit verschärfter Konkurrenz, wieder glänzend bewährt.

▬▬ *Ich bin fest davon überzeugt, daß nur wenige Vertreter nicht verkaufen können. Mißerfolge rühren meist daher, weil es uns an Selbstführung und Selbstdisziplin fehlt.*

Im Versicherungsgeschäft verlassen jährlich 100 000 Vertreter ihre Arbeit! Nur einer von zehn bleibt dabei. Ich hatte keine Möglichkeit, diese Zahl mit derjenigen anderer Branchen zu vergleichen, doch ich ließ mir sagen, daß der Durchschnitt nicht viel besser sei.

Als ich 29 Jahre alt war, wollte ich im ersten Jahr meiner Tätigkeit aufgeben. Und 12 Jahre später, im Alter von 41 Jahren, war es mir möglich, mich von der Arbeit zurückzuziehen. Dies verdanke ich einzig und allein meinem „Selbstorganisierungsplan". Dadurch erreichte ich in 12 Jahren mehr als andere während eines ganzen Lebens.

3.

Eine Entdeckung,
die mich vom zweiundneunzigsten
in den ersten Rang meiner Firma versetzte

Bobby Jones, einer der besten Golfspieler aller Zeiten, schrieb ein ausgezeichnetes Buch über Golf. Er erzählt darin, wie er bei einem nationalen Wettkampf eine Niederlage erlitt und wie er später die Gründe dafür entdeckte.

„...und als ich heimkehrte, suchte ich meinen alten Trainer, Steward Maiden, auf, um mich mit ihm zu besprechen. Steward war für mich immer der ‚Golfdoktor‘ gewesen. ‚Laß sehen, wie du schlägst!‘ sagte er. Ich schlug einige Bälle, und Steward beobachtete mich von rechts. Er ist ein Mann knapper Worte. Nach einer Weile sagte er: ‚Nimm den rechten Fuß und die Schulter ein wenig zurück.‘ ‚Und nun?‘ fragte ich. ‚Jetzt gib ihm!‘ Ich schlug, und der Ball flog wie ein geölter Blitz."

Eines Tages suchte auch ich Rat bei meinem „Verkaufsdoktor", nämlich bei meinen Rapporten und Statistiken. Sie zeigten mir, wo der Fehler lag, und als ich fragte: „Was soll ich tun?" sagten sie: „Gib ihm!"
Ich gehorchte, und das Ergebnis übertraf alle Erwartungen. Im

29

Laufe von zwei Jahren war ich an die erste Stelle aller Vertreter der Fidelity Mutual aufgerückt. Das kam so:

Eines Tages überlegte ich mir, warum einige Vertreter der Gesellschaft drei- und viermal soviel Versicherungen abschlossen wie andere. Lag es an der Anzahl der Kundenbesuche? Oder waren sie einfach bessere Verkäufer?

Um die Antwort herauszufinden, benötigte ich Tatsachenmaterial. Ich nahm erneut meine Rapporte vor und studierte sie nochmals. Dabei machte ich eine erstaunliche Entdeckung. Schwarz auf weiß stand es hier geschrieben: Ich hatte 70 Prozent meiner Abschlüsse beim *ersten* Kundenbesuch gemacht, 23 Prozent entfielen auf den zweiten Besuch, und nur 7 Prozent kamen auf den dritten, vierten, fünften und spätere Besuche. Und gerade die letzteren waren es, die mich ermüdeten und mich viel Zeit kosteten.

Mit andern Worten: Ich vergeudete meinen halben Arbeitstag an eine Arbeit, die mir nur 7 Prozent meiner Aufträge einbrachte. Die größte Überraschung aber bestand darin, daß zwei Drittel meines Verkaufsvolumens auf *neue* Kunden entfielen. Hier lag das Geheimnis: Ganz neue Kunden, bei denen ich noch nie zuvor einen Versuch gemacht hatte, brachten mir die meisten Bestellungen ein!

Die Rechnung war einfach: Wie hoch war der Geldwert eines ersten Besuches? Wie hoch war das Verkaufsvolumen, das auf neue Kunden entfiel? Wie hoch würde mein Umsatz im Laufe der nächsten 12 Monate werden, wenn ich alle dritten und späteren Besuche aufgab und die gewonnene Zeit auf neue Kunden verwenden würde?

Die Antwort machte mich schwindelig. Als ich meine Zahlen immer und immer wieder nachprüfte, gab mir meine Entdeckung einen ungeheuren Ansporn. Es war unmöglich, an die erste Stelle der Gesellschaft vorzurücken! Ich war so aufgeregt, daß ich aufstehen und im Zimmer auf- und abgehen mußte. Ich hätte nicht anders empfunden, wenn ich in dieser Stunde ein Telegramm des Präsidenten erhalten hätte, worin ich zum Vorsitzenden der besten Verkäufer ernannt worden wäre. Ich wußte, dieses Telegramm würde eines Tages eintreffen. Es war eine beschlossene Sache.

Meine Verkaufszahlen entwickelten sich besser, als ich vorausberechnet hatte. Meine Methode führte mich vom zweiundneunzigsten Rang an die erste Stelle, und ich wurde einer der wenigen „Millionäre" (Jahresumsatz über eine Million Dollar) der Gesellschaft.

Es ist mir heute klar, daß der Verkauf nie auf die Formel einer exakten Wissenschaft gebracht werden kann, so wenig dies bei der Medizin möglich ist, aber es ist erstaunlich, wieviele Tatsachen erfaßbar und vorausbestimmbar sind. Dafür ein Beispiel: Eines Tages unterhielt ich mich mit Lawrence J. Doolin, dem Filialdirektor der Fidelity Mutual. Larry hat im Versicherungswesen bedeutende Reformen eingeführt, und er gehört zu den besten Verkaufsanalytikern, die ich kenne. Er sagte: „Frank, ich habe herausgefunden, daß es mit einem Vertreter, der zuviel Zeit auf alte Interessenten verwendet, todsicher bergab geht." Er erzählte mir dann, wie er kürzlich eine Konferenz von Filialleitern präsidiert hatte. Es wurde eine spezielle Jahreskampagne besprochen und man erwartete allgemein gute Ergebnisse.

Larry sprach auch mit einem Generalagenten und sagte ihm: „Ich zweifle sehr daran, daß Sie im nächsten Monat gut arbeiten werden."

„Warum?" fragte der erstaunte Agent.

„Weil die Rapporte Ihrer Vertreter viel zu wenig neue Interessenten aufweisen im Verhältnis zu den alten."

„Und wie entwickelte sich der Monat?" fragte ich.

Die Antwort lautete: „Es war einer der schlechtesten Monate während Jahren!"

Lawrence J. Doolin hat während zwanzig Jahren Verkaufsrapporte studiert und darüber Statistiken aufgestellt. Ich fragte ihn, ob er mir einige Zusammenfassungen zeigen würde. Darunter sah ich die folgende:

Durchschnitt während 5 Jahren Fidelity-Mutual-Vertreter	Abschlüsse	Mein persönlicher Durchschnitt
65%	1. Besuch	70%
20%	2. Besuch	23%
8%	3. Besuch	
7%	4. 5. usw. Besuch }	7%
100%		100%

Sind diese Zahlen nicht außerordentlich interessant? Sie stammen aus den Rapporten von neuen *und* erfahrenen Verkäufern und erstrecken sich auf fünf Jahre. Es schien unglaublich, daß sich ihre Erfahrungen fast genau mit den meinigen, die ich dreißig Jahre früher gemacht hatte, deckten.

Noch mehr: Die Statistik Doolins bewies, daß *führende* Verkäufer zwei Drittel ihrer Verkäufe, Besuche und Offertstellungen auf *neue* Interessenten konzentrieren.

Ich besprach diese Zahlen auch mit Richard W. Campbell, Altoona, der zu den führenden Versicherungsverkäufern Amerikas gehört. Dick wuchs auf einer Farm auf, und er gab mir dazu den folgenden lakonischen Kommentar: *„Man kann nicht ständig dasselbe Korn dreschen. Beim ersten Dreschprozeß schaut am meisten heraus!"*

Das alles soll nun nicht heißen, daß dieselbe Erfahrung auf sämtliche Gebiete des Verkaufs zutrifft. Aber sie beweist, wie wichtig es ist, genaue Rapporte und Verkaufsstatistiken zu führen, damit diese regelmäßig überprüft, analysiert und ausgewertet werden können.

In den letzten fünf Jahren habe ich festgestellt, daß es immer mehr Verkaufsleiter gibt, die es ihren Verkäufern zur unerläßlichen Pflicht machen, über ihre Tätigkeit genau zu rapportieren und systematische Aufzeichnungen zu machen. Fast alle bestätigten mir den überaus großen Wert solcher Statistiken. Dafür ein Beispiel:

Während zwei Jahren führte ein großer Industriekonzern genau Buch über alle Rapporte seiner auf ganz Amerika verteilten Vertreter. Man war überrascht, herauszufinden, daß 80 Prozent der Verkäufe auf Kunden entfielen, die *mehr als fünfmal* besucht wurden! Doch man entdeckte noch weitere Einzelheiten: 48 Prozent der Verkäufer besuchten neue Interessenten *einmal* und ließen sie dann links liegen; 25 Prozent versuchten es ein zweites Mal, und nur 10 Prozent bearbeiteten den Kunden systematisch weiter — *und erzielten dabei 80 Prozent der Gesamtverkäufe!* Diese Entdeckung führte zu einer unglaublichen Umsatzsteigerung, und in der ganzen Organisation, in der Hauszeitung und in den Vertreterbulletins wurden diese Zahlen ausdrücklich kommentiert, um ihre Bedeutung dem letzten Vertreter klar zu machen.

Ich habe auch Verkaufsleiter und Verkäufer getroffen, die von der Führung genauer Rapporte und Statistiken weniger begeistert waren. Wenn ich der Sache nachging, stellte sich heraus, daß sie zwar ihre Rapporte durchaus richtig führten, es jedoch unterließen, sie auch *auszuwerten*. Diese Leute kommen mir vor wie ein Pilot, der sich im Nachtflug auf sein Gefühl, anstatt auf seine Navigationsinstrumente verläßt und plötzlich feststellt, daß er sich über dem Meer befindet und zu wenig Benzin für den Rückflug hat.

Im nächsten Kapitel will ich erzählen, wie ich einmal so weit von meinem Kurs abkam, daß mir beinahe das Benzin zum Rückflug nicht mehr ausreichte, und wie ich wieder sicheren Kurs gewann.

4.

Das schwierigste aller Probleme
und wie ich damit fertig wurde

Als ich nach dieser neuen Methode — zwei Drittel neue und
ein Drittel alte Kunden — arbeitete, verzeichnete ich außerordentliche Erfolge — doch nur für eine gewisse Zeit. Was war
geschehen? Sie haben richtig erraten: Ich wurde erneut bequem
und besuchte nicht genug neue Interessenten. Ich erlitt einen
Rückschlag, der mich fast aus der Bahn geworfen hätte.
Da erlebte ich eines Tages bei einer Vertreterkonferenz eine Demonstration durch Fred Hagen, ein Verkäufer, dessen Lächeln
und Persönlichkeit allein eine Million Dollar wert ist. Fred war
dabei so vortrefflich, daß ich begeistert war, wie er die Dinge
anpackte. Nach der Versammlung fragte ich unseren Direktor,
Karl Collings, warum Fred nicht zu den ganz großen Verkäufern
zählte. Meiner Ansicht nach sei er mindestens so gut wie Tom
Scott von der Penn Mutual, doch dieser verkaufte zehnmal mehr
als Fred. Woran lag das?
Karl Collings sagte: „Fred ist ein sehr guter Verkäufer... sofern
er wirklich mit Kunden zusammenkommt. Doch hier liegt der
Hase im Pfeffer: Fred ist ein schlechter Pionier."
„Was meinen Sie damit?" fragte ich.
„Pionierarbeit", sagte Collings, „ist 80 Prozent des ganzen Verkaufsproblems. Tom Scott gehört zu den besten Pionieren, die
ich kenne."
Wenn man die Rapporte Tom Scotts studiert, merkt man, war-

um es ihm gelang, während 16 Jahren an der Spitze aller Versicherungsverkäufer Amerikas zu stehen. Das war der Mann, mit dem ich über die Probleme meiner schlaflosen Nächte sprechen wollte.

Ich werde Tom Scott immer dankbar sein für das, was er mir sagte: „Frank, akquirieren heißt verkaufen. Interessenten finden ist ebenso wichtig wie Verträge abschließen, denn wenn wir aufhören, Interessenten zu suchen, dann machen wir auch keine Abschlüsse mehr."

„Und wie gehst du dabei vor?" fragte ich.

„Ich frage danach?" antwortete Tom. „Frage — und du wirst sie kennen lernen. Ich verkehre viel in Kreisen von Freunden, die Policen besitzen. Wo immer ich sie treffe, versuche ich, von ihnen die Adressen neuer Interessenten zu erhalten."

Diese Unterredung mit einem der besten Verkäufer des Landes weckte mich aus meinen Träumen. Es wurde mir klar, daß ich mich auf die Akquisition konzentrieren oder eine andere Arbeit suchen mußte.

Von diesem Tag an fragte ich jedermann nach vermutlichen Interessenten, ohne Rücksicht darauf, ob ich dabei Erfolg hatte oder nicht. Ich las alles, was ich über die Kunst der Akquisition auftreiben konnte, und ich besprach das Problem mit allen Menschen, die darüber etwas wußten.

Hier sind die Schritte, die mir so viele Adressen von neuen Interessenten einbrachten, daß es mir gar nicht mehr möglich war, sie alle zu besuchen:

Zuerst besuchte ich alle Kunden, denen ich früher eine Police verkauft hatte. Dadurch entdeckte ich, wie falsch es gewesen war, diese Kunden links liegen zu lassen. Dadurch hatte ich mehr Abschlüsse verloren, als ich anderweitig je gewinnen konnte.

Der zweite Kunde, den ich aufsuchte, war ein Fabrikbesitzer von der alten deutschen Einwandererklasse. Ich hatte ihm einige Wochen zuvor eine Police verkauft und fragte ihn: „Herr Oppenheimer, Sie haben einen zwanzigjährigen Sohn. Wollen Sie ihn nicht jetzt schon, da die Prämie noch so günstig ist, versichern?"

Ohne eine Antwort zu geben, stand er auf, öffnete eine Türe, die in die Arbeitsräume der Fabrik führte, und rief: „A-l-f-r-e-d!" Der Lärm der Fabrik übertönte seine Stimme, doch nachdem er mehrmals mit voller Lautstärke gerufen hatte, zeigte sich Alfred. Er hatte einen Körperbau wie Jack Dempsey und fragte: „Willst du etwas von mir, Papa?"

„Morgen um 10 Uhr mußt du dich vom Arzt untersuchen lassen!" sagte Papa Oppenheimer.

„Warum?" fragte Alfred erstaunt.

„Warum, denkst du?" sagte der Vater, „fühlst du dich etwa krank?"

„Natürlich nicht", sagte Alfred.

„Gut", sagte Herr Oppenheimer, „der Arzt wird dich morgen für die Aufnahme in eine Lebensversicherung untersuchen."

„Sehr wohl, Papa", sagte Alfred und lächelte mir freundlich zu.

Ich versicherte Alfred für 10 000 Dollar. Kurze Zeit später verheiratete er sich und bekam eigene Kinder. Ich konnte seine Police erhöhen, und wieder später trat sein jüngerer Bruder ins Geschäft ein. Ich versicherte auch ihn, und schließlich war es so weit, daß die ganze Familie mit mir Policen abschloß.

Ich will nicht behaupten, es sei immer so schnell gegangen wie hier. In Tat und Wahrheit war es gar nicht leicht, die Leute nach Adressen von vermutlichen Interessenten zu fragen, doch mit der Zeit lernte ich es besser und besser.

Am einfachsten war es dort, wo ich eben einen neuen Kunden versichert hatte. Ich erkundigte mich nach seiner Frau, nach seinen Kindern, nach seinen Verwandten, und wenn es mir gelungen war, in der Familie zwei oder drei Abschlüsse zu machen, ergab sich oft eine regelrechte Freundschaft, die weitere Früchte trug.

Eines Tages gab mir mein Freund J. J. Pockock in Philadelphia,

36

einer der besten Verkäufer von Kühlschränken, einen Tip. Er sagte mir, neue Kunden seien die beste Quelle für Adressen von weiteren Interessenten. „Wieso?" fragte ich. Er antwortete: „Neue Kunden sind begeistert von ihrer neuen Anschaffung. Meist brennen sie darauf, ihren Freunden davon etwas zu erzählen. Sie sind stolz auf ihren Besitz — und darum kann man von ihnen mehr wirklich gute Adressen erhalten als durch irgendwen.

Herr Pocock hat diese Ansicht auch zahlenmäßig untermauert. Die Rapporte der Kühlschrank-Vertreter beweisen sie höchst eindrücklich. Ich war begeistert von dieser neuen Erkenntnis und setzte sie sofort in die Tat um. Sie funktionierte glänzend und unfehlbar!

Ich vergaß auch nie, was mir ein anderer ausgezeichneter Verkäufer sagte: „Setze mich irgendwo mit einem Fallschirm ab — und ich werde verkaufen. Man lernt immer jemanden kennen; er hat Familie, Verwandte, Freunde, Nachbarn, Geschäftsfreunde. Sie alle können Kunden werden — und es ergibt sich daraus eine unausweichliche Kettenreaktion."

Während vieler Jahre trug ich stets einen Brief auf mir, der mir manchen guten Dienst geleistet hat. Ich lasse meine Freunde denselben Text auf ihr eigenes Briefpapier schreiben:

William R. Jones
Real Estate Trust Building
Philadelphia.

Lieber Bill,

Ich möchte Dir Frank Bettger empfehlen. Er gehört meiner
Meinung nach zu den qualifiziertesten Versicherungsfachleuten unserer Stadt. Ich schenkte ihm mein volles Vertrauen
und verließ mich ganz auf seine Ratschläge.
Vielleicht hast Du Dir über Lebensversicherungen noch keine
großen Gedanken gemacht; ich bin aber sicher, daß es sich
bezahlt macht, wenn Du Deine Probleme mit Frank Bettger
besprichst, denn ich bin davon überzeugt, daß er Dir kon-
struktive Vorschläge machen kann, die in Deinem und im Interesse Deiner Familie liegen.

Mit freundlichem Gruß

Nicht alle Leute geben einem gerne solche Briefe. Dort, wo es
besser geeignet ist, überreiche ich meinen Kunden eine vorge-
druckte Karte, auf welcher nur der Name des neuen Interessenten und die eigene Unterschrift einzutragen ist.

Ray J. Kroll.

empfiehlt

FRANK BETTGER

an:

Fred. N. Mc Brien

Besonders gute Erfolge hatte ich bei solchen Interessenten zu verzeichnen, die mit der empfehlenden Person in Geschäftsverbindung stehen. Ich gehe dabei allerdings sehr vorsichtig vor, damit
nicht der Eindruck entsteht, ich wolle hier eine besondere Situation zu meinen Gunsten ausnutzen. Der Vorteil kann sich sonst
leicht in einen Bumerang verwandeln...
Viele Verkäufer haben mich gefragt, wie ich zu meinen neuen
Adressen komme. Ich versuche es fast immer auf dem Wege der
üblichen Konversation. Einige taktvolle Fragen führen meistens
zum Ziel. Besonders wirkungsvoll ist dabei die Bemerkung: „Wie
haben Sie eigentlich in Ihrem Geschäft angefangen, Herr X?"
Diese Frage wird immer als angenehm empfunden. Die Antwort
wird allerdings in vielen Fällen etwas viel Zeit in Anspruch nehmen, doch ich habe daraus viel Anregung und Wissen entnom-
men, und zudem erfährt man meist auch eine Anzahl von Namen.
Eine andere meiner bevorzugten Fragen lautet: „Was machen Sie
in Ihrer Freizeit, Herr X? Mit anderen Worten: „Haben Sie irgendein Hobby?"

Indem man jemanden dazu bringt, über sich, seine Familie, seine Freunde und seine Geschäftspartner zu sprechen, erfährt man auch Einzelheiten über jene Personen, mit denen er Sport treibt oder in Vereinen zusammenkommt. Im Verlaufe der Unterredung sage ich dann:

„Herr X, wenn Ihr Freund, Herr Y, jetzt Ihr Büro beträte, hätten Sie etwas dagegen, mich vorzustellen?"

„Nicht im geringsten", lautet die Antwort.

Wenn es sich um einen Kunden handelt, dem ich bereits etwas verkauft habe, sage ich: „Herr O, erinnern Sie sich daran, wie ich Sie kennen lernte?"

„Gewiß", antwortete er, „William Brown hat Sie zu mir gesandt."

„Haben Sie es je bedauert, daß Herr Brown mich bei Ihnen empfohlen hat?"

„Natürlich nicht", lautet die Antwort in den meisten Fällen. Jetzt tritt meine Karte in Aktion, und ich sage: „Sie haben soeben Herrn K erwähnt. Würde es Ihnen etwas ausmachen, seinen Namen und Ihre Unterschrift auf diese Karte zu setzen?"

In den meisten Fällen erhalte ich außer der verlangten noch eine Reihe anderer Adressen. Wenn ich auf neue Adressen aus bin, benütze ich mit Vorliebe die folgende Frage:

„Wer von Ihren Bekannten unter Fünfzig hat geschäftlich am meisten Chancen vorwärtszukommen? Ich denke dabei an Leute von Ihrer Art."

Meist erhalte ich dann zwei oder drei Namen, die mir sehr wertvoll sind.

Wenn jemand absolut keine Adressen preisgeben will, sage ich: „Ich verstehe Sie vollkommen, Herr W, und ich mache Ihnen folgenden Vorschlag: Sagen Sie mir den Namen eines Mannes unter Fünfzig, der Geld verdient, und ich verspreche Ihnen, daß ich mich niemals auf Sie berufen werde."

Auf dieser Basis habe ich schon viele ausgezeichnete Adressen erhalten. Wenn ich die Leute besuche, sage ich: „Herr S, mein Name ist Frank Bettger. Ich bin Versicherungsfachmann. Ich erhielt Ihre Adresse von einem Ihrer Freunde, dem ich jedoch versprechen mußte, seinen Namen nicht zu nennen. Er sagte mir, Sie seien geschäftlich sehr erfolgreich, und Sie hätten vermutlich Interesse, mit mir zu sprechen. Können Sie mir jetzt 5 Minuten opfern oder soll ich besser später vorbeikommen?"

Meist werde ich gefragt, über *was* ich mit ihm sprechen wolle. Meine Antwort lautet immer: „Über Sie!"

„Wenn es sich um eine Lebensversicherung handelt, bin ich nicht interessiert — ich habe bereits genug Verpflichtungen!" Diese Antwort ist sehr gebräuchlich. Man hört sie so oft, daß man sie nur noch als Schablone empfindet.

Ich antworte: „Ganz richtig, Herr S, ich will heute nicht über Versicherungen mit Ihnen sprechen. Wollen Sie mir 5 Minuten zuhören?"

Ob ich persönlich mit Kunden spreche oder am Telefon, nie lasse ich mich in solchen Fällen in eine Diskussion über Versicherungsfragen ein. Meine Bemühungen drehen sich einzig und allein darum: 5 Minuten zu gewinnen, während derer ich einige wesentliche Tatsachen abklären kann.

Zeige dich dankbar für Kundenadressen!

Dankbarkeit ist eine unabänderliche Pflicht! Ob ich gute oder schlechte, erfolgreiche oder erfolglose Tips erhalte, immer berichte ich prompt darüber an die Person, die mir die Adressen gab. Dies ist ein Akt der Höflichkeit, der ebenso wichtig ist wie die neue Adresse an sich. Wenn wir es unterlassen, über den

Verlauf der Unterredung zu berichten, fühlt sich der andere übergangen und beleidigt. Er wird es vermutlich nie erwähnen, doch wir haben unwiderruflich etwas verloren. Ich habe dies selbst erfahren, sowohl als Empfangender wie als Gebender.

Wenn ich meine Karriere überdenke, bedaure ich es am meisten, nicht viel mehr Zeit auf das Studium der Interessen meiner Kunden verwandt zu haben. Ich meine dies wörtlich und aufrichtig, und ich könnte dafür aus meinen Rapporten Hunderte von Beispielen anführen.

Es macht sich immer bezahlt, wenn man seine alten Kunden wieder aufsucht und nachprüft, ob man ihnen irgendeinen Dienst leisten kann. Alle Menschen schätzen es, wenn man an ihrer Laufbahn und an ihrem Schicksal Anteil nimmt. Dabei erfährt man auch etwas über ihre weiteren Absichten, Ziele und Verbindungen.

Es ist nicht immer möglich, alle unsere Kunden so oft aufzusuchen, wie wir es möchten. Bleiben wir aber zu lange aus, so fühlt sich der Kunde zurückgesetzt und vergißt uns. In solchen Fällen müssen wir danach trachten, auf schriftlichem Wege den Kontakt aufrecht zu erhalten. Neben einem Glückwunsch zum Geburtstag oder Jahreswechsel gibt es noch andere gute Möglichkeiten. Ich habe in solchen Fällen für meine Kunden auch Monatsschriften abonniert, die ihnen dann mit einer Empfehlung von mir zugestellt werden und einen dauernden Kontakt und Goodwill aufrecht erhalten.

Ein entmutigter junger Mann suchte mich vor Jahresfrist auf, um sich bei mir Rat zu holen. Während vierzehn Monaten hatte er versucht, Lebensversicherungen zu verkaufen. Am Anfang ging alles recht gut, doch nachdem er seine persönlichen Freunde und Schulkameraden aufgesucht hatte, harzte es bereits. Und jetzt war er so enttäuscht, daß er am liebsten aufgegeben hätte. Ich stellte ihm einige Fragen und fand heraus, daß alle seine Verkäufe in die „Endstation" ausmündeten. Ich sagte ihm: „John, du hast nur *halbe Arbeit* geleistet. Schau zu, daß du von jedem deiner Kunden mindestens zwei Adressen von neuen Interessenten erhältst. Denke immer daran, daß ein Abschluß nicht das Ende einer neuen Geschäftsverbindung ist, sondern gleichzeitig auch der Ausgangspunkt für neue. Wenn du einen Kunden nach weiteren Adressen fragst, erhält er die Überzeugung, er habe eine gute Entscheidung getroffen. Gibt er dir eine neue Adresse, so ist dies gleichbedeutend, als ob er dir einen Check auf 21 Dollar ausstellen würde. Gibt er dir drei Adressen, so schenkt er dir praktisch 63 Dollar. Das ist keine Theorie, sondern eine Tatsache, die sich durch deine Kundenrapporte beweisen läßt. Frage darum jedermann um neue Namen, was immer auch dabei herausschaut. Viele meiner allerbesten Kunden fand ich durch Leute, denen ich selber nie etwas verkaufte."

Am Ende unserer Unterredung sagte der junge Mann: „Das war eine Lektion, die ich dringend nötig hatte!"

Sechs Monate später besuchte er mich wieder. Ich habe selten einen so gutgelaunten und begeisterten Verkäufer gesehen. „Herr Bettger", sagte er, „ich habe es mir zur Pflicht gemacht, mindestens zwei Adressen von allen Leuten, die ich besuche, zu erhalten, ganz abgesehen davon, ob es mir gelingt, ihnen etwas zu verkaufen oder nicht."

„Und wie wirkte sich die Sache aus?" fragte ich gespannt.

„Ich erhielt über 500 gute Adressen, mehr als ich überhaupt bearbeiten kann."

„Und Ihre Produktion?" fragte ich.

„Ich habe während der ersten sechs Monate des Jahres über 238 000 Dollar Abschlüsse gemacht", sagte er, „und mit dem, was ich noch im Feuer habe, werde ich dieses Jahr auf eine halbe Million kommen."

Und er erreichte es!

Zusammenfassung und wirkungsvolle Fragen und Argumente

I. Teil

1. Eine Idee, die 25000 Dollar wert ist: Wenn Sie Ihr Leben um zehn Jahre verlängern möchten, und wenn Sie den größten Luxus, den wir im Leben gewinnen können, nämlich *Zeit* zu haben, genießen möchten, dann bestimmen Sie jede Woche einen Tag zur Selbstorganisierung. Dadurch gewinnen Sie die nötige Zeit, um nachzudenken, zu planen und um Ihre Aufgaben so zu erledigen, daß Sie die Gewißheit haben, sie so gut wie immer möglich erfüllt zu haben. Das ganze Geheimnis, sich von Unruhe und Hast zu befreien, liegt nicht in der höheren und längeren Arbeitsleistung, sondern in der richtigen Planung der Arbeitsstunden.

2. Die Verkaufstätigkeit kann nie auf exakte wissenschaftliche Formeln gebracht werden, so wenig dies bei der Medizin der Fall ist; doch es ist erstaunlich, wieviel sich dabei vorausberechnen läßt. Erfahrene Verkaufsleiter haben festgestellt, daß sie ihren Verkäufern den größten Dienst leisten, wenn sie ihnen die Führung von Rapporten und Verkaufsstatistiken zur unumgänglichen Pflicht machen, wobei es wesentlich ist, daß die Aufzeichnungen regelmäßig besprochen, analysiert und ausgewertet werden. Wer Mißerfolgen und „flauen Zeiten" aus dem Wege gehen will, muß genaue Aufzeichnungen führen und sie jede Woche analysieren. *Das sei deine persönliche Versicherung gegen Mißerfolg.*

3. Das schwierigste Problem und wie man damit fertig wird: Erinnere dich an den klugen Rat Tom Scotts: *„Akquirieren heißt verkaufen. Neue Interessenten zu finden ist ebenso wichtig wie Abschlüsse einbringen. Wer keine neuen Kunden findet, hört automatisch auf, Geschäfte abzuschließen."*

44

Lasse es nie zu, daß ein Verkauf auf das Stumpengeleise einer „Endstation" führt. Bereite immer die Ausgangsposition für ein neues Geschäft vor.

Wirkungsvolle Worte, die uns die Adressen neuer Kunden einbringen können:

Wie haben Sie eigentlich Ihr Geschäft angefangen, Herr X?
Was machen Sie in Ihrer Freizeit, Herr X, mit anderen Worten: Haben Sie irgendein Hobby?
Herr A, wenn nun Ihr Bekannter, Herr B, ins Zimmer träte, würden Sie zögern, mich ihm vorzustellen?
Herr G, erinnern Sie sich noch, wie wir uns kennengelernt haben? (Auf seine Antwort):... *Haben Sie es je bereut, daß Herr X mich bei Ihnen eingeführt hat?* (Die Antwort lautet meist: Keineswegs!)... *Sie erwähnten Herrn X; würde es Ihnen etwa ausmachen, seinen Namen und Ihre Unterschrift auf diese Karte zu setzen? Wer unter Ihren Bekannten hat am meisten Chancen, vorwärts zu kommen? Ich denke dabei an Männer wie Sie!* (Wenn jemand die Nennung eines Namens verweigert): ...*Ganz richtig, Herr H, ich verstehe Ihre Beweggründe vollkommen. Würden Sie mir jedoch den Namen einer Ihnen bekannten Persönlichkeit mitteilen, wenn ich Ihnen verspreche, Ihren Namen auf keinen Fall zu erwähnen?*
4. Zeige dich dankbar für neue Adressen und Tips! Was immer auch daraus wird, mache es dir zur unabänderlichen Pflicht, darüber zu berichten.

Vergiß nie einen Kunden und lasse nie einen Kunden dich vergessen!

So wurde ich zum besseren Verkäufer (1):

Wie ich lernte, Krisen zu überwinden

Als ich eines Tages das Büro verließ, hielt mich Al Gould, der während Jahren zu den besten Verkäufern unserer Gesellschaft zählte, an und sagte: „Wie arbeitest du, Frank?"

„Nicht schlecht", sagte ich, „und wie geht es bei dir?"

„Bei mir sieht es eher nach einem schlechten Jahr aus. Die Krise scheint sich stärker auszuwirken, als ich dachte", sagte Gould.

„Was meinst du mit Krise?" fragte ich erstaunt.

„Wie?" sagte er, „du hast nichts von einer Krise gehört? Dann lebst du auf dem Mond", sagte Al, „liest du denn keine Zeitungen? Wir befinden uns im Tiefpunkt einer Krise."

Ich mußte zugeben, daß ich davon nichts wußte.

Und nun legte Al los. Er hatte die wirtschaftlichen Zusammenhänge studiert und hielt mir ein Referat über die Ursachen der Wirtschaftskrise. Und je länger er sprach, um so mehr wurde ich von seinen Gedanken beeinflußt, und am Schluß seiner Rede war ich davon überzeugt, daß es ganz unmöglich war, während einer solchen wirtschaftlichen Depression Versicherungen zu verkaufen.

Was geschah die nächste Woche? *Gar nichts!* Ich hörte auf, Kunden zu besuchen, als ob mich auf dem Wege zu ihnen eine Bombe hätte treffen könne, und nach drei Wochen hatte meine Produktion einen nie dagewesenen Tiefstand erreicht.

Dann mußte ich mir sagen, daß dies alles lächerlich sei. Bevor mir Gould von der Krise erzählt hatte, war alles in Ordnung gewesen. Nun, da ich über die Krise im Bilde war, schloß ich keine Versicherungen mehr ab, und der einzige Grund dafür lag in der Tatsache, daß ich keine Kunden mehr besuchte.

Ich nahm meine Arbeit wieder auf wie zuvor, plante meine Woche im voraus, und es ging nicht lange, arbeitete ich wieder so gut wie früher. Am Ende des Jahres hatte ich von sämtlichen Vertretern der Gesellschaft die höchste Produktion eingebracht. Al Gould hingegen hatte eines seiner schlechtesten Jahre zu verzeichnen.

An der ersten Vertreterkonferenz im Januar sprach Al Gould über das Thema „Ausblick auf das neue Jahr". Alles in allem hätte seine Rede den Titel tragen sollen „Achtung vor dem neuen Jahr!", und als er geendet hatte, sprang einer unserer jungen Vertreter, Austin Gough, auf und fragte, ob er einen Vorschlag machen dürfte. Der Vorsitzende erteilte ihm das Wort und Austin sagte:

„Ich schlage vor, daß die jüngeren Vertreter während der Dauer von zwei Monaten mit den älteren Verkäufern der Gesellschaft einen Wettbewerb eingehen."

Alles lachte. Die älteren Verkäufer waren nicht nur zahlenmäßig überlegen, sondern auch im Hinblick auf ihre Verkaufsproduktion. Ein Wettbewerb zwischen diesen beiden Gruppen war wie ein Fußballspiel eines Dorfklubs gegen den Weltmeister. Doch aus gutmütiger Kameradschaft erklärten sich die „Veteranen" bereit, mitzumachen.

Nach der Konferenz rief ich die jungen Vertreter zusammen und schlug ihnen eine kleine „geheime" Zusammenkunft vor. Ich erzählte ihnen Al Goulds Krisengeschichte und meine Erfahrung damit. Man wurde sich einig, alles über die Krise zu vergessen und an die Arbeit zu gehen.

Nach 60 Tagen hatten wir die „Veteranen" 2:1 geschlagen.

Seither erzähle ich Al Goulds Geschichte allen Geschäftsleuten, die mir etwas von der Krise vorjammern. Meist lachen wir herzlich darüber und der Weg, mit ihnen zu einem Geschäft zu kommen, steht wieder offen.

II. TEIL

Der Ablauf des ganzen Verkaufsvorganges

5.

Das schwierigste Verkaufsproblem
und wie ich es überwinde

Ich habe Tausende von Verkäufern in allen Landesteilen gefragt, welches beim Verkauf das größte Problem sei. Manche sagen: „Der Abschluß", doch die weitaus überwiegende Mehrheit ist der Meinung, *die Annäherung* an den Kunden sei weit schwieriger.

Als ich dies realisierte, wußte ich, warum ich immer so nervös wurde, wenn ich neue Kunden aufsuchen mußte. Wie oft bin ich vor einem Büro auf- und abgegangen, bevor ich es endlich betrat! Ich wußte nicht, wie ich an die Kunden herankommen sollte, und ich befürchtete, abgeschoben zu werden, ohne überhaupt Gelegenheit zu einem wirklichen Verkaufsgespräch zu finden.

Viele Verkäufer sind der Ansicht, daß die ersten zehn Worte die wichtigsten sind.

Eine große Verkaufsorganisation hat zu diesem Zwecke eine ausgezeichnete Methode entwickelt. Sie wurde unzählige Male von ihren Verkäufern mit Erfolg angewandt, und sie hat auch mir große Dienste geleistet. Auch Ihnen kann sie viel helfen: Wenn sich der Verkäufer vorgestellt hat, sagt er: „*Herr X, ich möchte Ihnen unsere neue Registrierkasse vorführen. Sie werden dadurch drei Vorteile erreichen: keine Mankos mehr, eine Steigerung des Reingewinns und eine Vermehrung Ihres Umsatzes.*"

Diese Einleitung ist kurz; sie appelliert an die Interessen des Kunden und sie nennt drei große Vorteile, die ihm das Produkt bietet.

Im Mai 1945, als ich einen Verkaufskurs leitete, erfuhr ich, daß ein Schuhverkäufer namens Niemeyer, der ebenfalls den Kurs besuchte, soeben einen Weltrekord im Schuhverkauf aufgestellt hatte. An einem einzigen Tage hatte er 105 Paare verkauft. Es handelte sich um einzelne, individuelle Verkäufe an 87 Frauen und Kinder. Mit diesem Verkäufer wollte ich reden, und ich wollte ihn vor allem bei seiner Arbeit beobachten. Ich suchte das Geschäft auf, wo Niemeyer arbeitete und fragte ihn, wie er diese Erfolge erzielt habe. Er sagte: *„Alles hängt vom ersten Augenblick ab. Der Verkauf steht und fällt sozusagen beim Empfang an der Eingangstüre."*

Es interessierte mich sehr, zuzusehen, wie er arbeitete. Ich stellte fest, daß sich der Käufer sofort, nachdem er das Geschäft betreten hatte, wie zu Hause fühlte. Niemeyer empfängt die Kundinnen mit einem herzlichen Lächeln an der Türe. Alte Kundinnen begrüßt er mit ihrem Namen. Neuen stellt er sich mit Namen vor und ist ihnen in jeder Weise behilflich. Auf diese Weise hat er den Frauen praktisch bereits etwas verkauft, bevor sie nur absitzen.

Wenn die Kundin ihr Paket erhält, sagt er: *„Herzlichen Dank, Frau X. Ich hoffe, Sie bald wieder bei uns zu sehen."* Die Kundinnen erwidern seine Freundlichkeit, und sie kommen wirklich wieder. Niemeyers Verkaufsziffern beweisen es!

Ich habe meine eigenen Einführungsworte bereits in meinem Buch „Lebe begeistert — und gewinne" geschildert, doch leider habe ich es dort unterlassen, sie auch zu analysieren. Dies soll hier nun nachgeholt werden. Ich bezeichne dieses Studium als den „Verkauf *vor* dem Verkauf."

Sobald der Kunde weiß, wie ich heiße und wen ich vertrete, sage ich wörtlich:

„Herr E, es ist mir nicht möglich, an der Farbe Ihrer Augen Ihre

Situation zu beurteilen, so wenig mein Zahnarzt etwas für mich tun könnte, wenn ich seine Praxis aufsuchte und mich weigern würde, den Mund zu öffnen, nicht wahr¹?"

In 99 von 100 Fällen sagt der Kunde lachend: *„Nein, gewiß nicht."*

„Und doch befinde ich mich Ihnen gegenüber in einer ähnlichen Lage, wenn Sie mir nicht bis zu einem gewissen Grade Ihr Vertrauen schenken. Wenn ich Ihnen Informationen geben soll, die für Sie in der Zukunft wertvoll sein können, dann sollte ich Ihnen einige Fragen stellen. Würden sie mir dies erlauben?"

Der Kunde: *„Wie lauten Ihre Fragen? Schießen Sie los?"*

Ich: *„Herr E, wenn Sie auf einige meiner Fragen keine Antwort geben wollen, werde ich dies ohne weiteres verstehen, doch wenn irgendein Dritter etwas von unserem Gespräch erfährt, dann vernimmt er es durch Sie, nicht durch mich. Alles, was ich von Ihnen erfahre, behandle ich streng vertraulich."*

Analysieren wir dieses Gespräch:

ERSTER SATZ:

Was könnte lächerlicher sein, als einen Zahnarzt aufzusuchen und sich zu weigern, den Mund zu öffnen…? Mit dieser Bemerkung veranlasse ich den Kunden immer zu einem Lächeln und er antwortet in zustimmendem Sinne auf meine Frage.

---

¹ *Anmerkung des Übersetzers:* Dieses Gespräch wurde wörtlich übersetzt, obschon es in seiner Direktheit für europäische Verhältnisse etwas ungewohnt klingt. In seinen Grundgedanken ist es jedoch zweifellos richtig und kann ohne weiteres auf die verschiedensten individuellen Bedürfnisse abgewandelt werden.

ZWEITER SATZ:

„Ich befinde mich Ihnen gegenüber in einer ähnlichen Lage, wenn Sie mir nicht Ihr Vertrauen schenken." Diese Formulierung änderte ich später ab, indem ich sie durch die Beifügung der Worte *„bis zu einem gewissen Grade"* etwas abschwächte.

DRITTER SATZ:

„Wenn ich Ihnen Informationen geben soll, die für Sie in Zukunft (oder: später) wertvoll sein können, dann sollte ich Ihnen einige Fragen stellen. Würden Sie mir dies erlauben?"
Ich habe herausgefunden, daß die Kunden die Wendung *„in Zukunft"* schätzen und darauf eingehen. Ich betone damit, daß die Sache nicht eilt und daß es mir nicht darum geht, ihnen *heute* etwas zu verkaufen. Der Kunde entspannt sich, er antwortet freier, weil er nicht befürchten muß, daß seine Antworten sofort für ein regelrechtes Verkaufsgespräch benützt werden. Es ist erstaunlich, wieviel dieser kleine Unterschied ausmachen kann.
„...wertvoll sein können..." Wenn ich diese Worte gebrauche, so meine ich sie auch wirklich. Ich denke in diesem Augenblick nicht an den Verkauf, sondern an die Dienstleistung.
Damit habe ich das Interesse des Kunden geweckt. Er gestattet mir nicht nur meine Fragen, sondern er ist sogar neugierig darauf. Er ist bereit, mich ins Vertrauen zu ziehen. Wenn ich dies feststelle, gehe ich noch einen Schritt weiter...

VIERTER SATZ:

„Herr E, wenn Sie auf meine Fragen keine Antwort geben möchten, werde ich dies sehr gut verstehen, doch wenn irgendein Dritter etwas von unserem Gespräch erfährt, dann vernimmt er es durch Sie, nicht durch mich. Alles, was Sie mir mitteilen, behandle ich streng vertraulich. Einverstanden?"
Meistens nickt der Kunde auf diese Bemerkung zustimmend. Dieser Satz hat eine außergewöhnlich starke Wirkung. Ich habe

ihn unzählige Male angewandt, und er gehört zu meinem wichtigsten Rüstzeug beim „*Verkauf vor dem Verkauf*".

Ich verdanke dieses Einführungsgespräch weitgehend meinem Freund Richard W. Campbell in Altoona; auch er hat es während vieler Jahre mit großem Erfolg angewandt.

Nachdem ich mich auf das zweifache Interview festgelegt hatte, machte ich beim ersten Besuch meist keine Anstrengungen, zu einem Abschluß zu kommen. Trotzdem möchte ich nicht sagen, daß ich beim ersten Besuch keine Abschlüsse mehr zustande gebracht hätte. Es gibt immer wieder Situationen, in denen „das grüne Licht" bereits beim ersten Besuch aufleuchtet, manchmal sogar in der ersten halben Minute! Viele meiner besten Verkäufe wurden beim alleresten Kontakt abgeschlossen.

Es ist mir bewußt, daß sehr viele Verkäufer ein Standardgespräch entwickeln, das bereits beim ersten Besuch zu einem Abschluß führen soll. Wenn diese Verkäufer durch erfahrene Verkaufsleiter geschult wurden, ist alles in Ordnung. Doch wir dürfen nie schablonenhaft Wort für Wort nachplappern! Nur wenige Menschen können ein vorbereitetes Gespräch natürlich entwickeln, und niemand schätzt es, ein auswendig gelerntes Interview anzuhören!

Ein erfahrener alter Schauspieler gab mir einst den folgenden Rat: „Lerne nie etwas auswendig. Wenn du wirklich etwas in dich aufnehmen willst, dann lese es jeden Tag mehrmals in kurzen Abständen wieder durch. Eines Tages kannst du es, und auf diese Weise wirst du es nie mehr vergessen. Wiederhole es deiner Frau, einem Freund, deinen Kollegen. Wiederhole es so oft, bis es so natürlich und selbstverständlich geworden ist wie dein Atem."

6.

Wie ich mir alle nötigen Tatsachen beschaffe und das Verkaufsgespräch vorbereite

Gute Verkäufer haben mir gesagt, sie könnten nie eine vorbereitete Fragenliste mit Erfolg benützen. Sobald der Kunde merke, daß man schriftliche Unterlagen verwende, werde er mißtrauisch und verschlossen.

Ich habe diese Erfahrung auch machen müssen, doch gelang es mir, eine sehr einfache Methode zu entwickeln, um diese Schwierigkeiten zu überwinden:

Nie hole ich meine Unterlagen aus der Tasche, bevor ich einige Fragen bereits gestellt habe. Während ich zuhöre, ziehe ich unbemerkt — ohne den Kunden aus den Augen zu verlieren — meine Notizen aus der Tasche. Ich glaube nicht, daß dies dem Kunden bewußt wird, so gut wie ich es mehr oder weniger unbewußt tue, weil ich meine ganze Aufmerksamkeit auf seine Worte richte. Während ich ihn weiter nicht aus den Augen lasse, entfalte ich meinen Fragebogen und lege ihn auf den Tisch. Von diesem Augenblick an gehe ich rasch alle Fragen durch, ähnlich wie dies ein Arzt tut, wenn er seinen Patienten Fragen stellt. Je nachdem der Kunde viel oder wenig spricht, brauche ich fünf bis zehn Minuten dazu. Meine letzte Frage lautet: *„Herr E, was machen Sie eigentlich in Ihrer Freizeit? Mit anderen Worten: Haben Sie irgendein Hobby?"*

Die Antwort auf diese Frage ist für mich zu einem späteren Zeitpunkt meist sehr wertvoll. Während der Kunde antwortet, versorge ich meinen Fragebogen wieder, ohne ihn aus den Augen zu verlieren.

Wenn die Antwort auf die Frage nach der Freizeitbeschäftigung zu kurz ausfällt, stelle ich die weitere Frage: *„Wie haben Sie eigentlich in Ihrem Geschäft angefangen, Herr E?"*

In dieser Frage scheint eine magische Kraft zu liegen. Sie hat mir geholfen, Kunden zum Sprechen zu bringen, die sonst sehr verschlossen sind.

Oft wurde mein erster Besuch im voraus zeitlich beschränkt. Wenn meine fünf oder zehn Minuten vorbei sind, sage ich: „Meine fünf Minuten sind um. Möchten Sie mich noch irgend etwas fragen, Herr E?"

Sobald seine Frage beantwortet ist, erhebe ich mich, reiche ihm die Hand und sage: „Ich danke Ihnen bestens für Ihr Vertrauen, Herr E und ich möchte nun über Ihre Informationen nachdenken. Ich habe eine Idee, die Ihnen nützlich sein könnte. Wenn ich sie ausgearbeitet habe, werde ich mir erlauben, Sie anzurufen, damit wir eine Unterredung vereinbaren können. Sind Sie damit einverstanden?"

Selten gibt es einen Einwand auf diese Frage. Je nachdem treffe ich auch gleich eine bestimmte Abmachung.

Mein Fragebogen enthält alle wichtigen Angaben, die ich benötige, um einen Vorschlag auszuarbeiten, der Hand und Fuß hat. Er enthält das Einkommen des Kunden, seine wichtigsten Verpflichtungen anderen gegenüber, Angaben über sein Vermögen und seine bereits bestehenden Versicherungen, sowie seine Pläne für sein Alter. Vor allem ist daraus ersichtlich, über welche Mittel der Kunde in einem gewissen Alter verfügen muß, wenn er einen bestimmten Lebensstandard aufrechterhalten und seinen Verpflichtungen nachkommen will.

Der Hauptgrundsatz lautet: *Herausfinden, was die Leute brauchen und es ihnen verschaffen.*

Wenn ich den Kunden frage, welche Mittel er in einem gewissen Alter benötige, so ist es wichtig, daß er selbst diese Zahl nennt. Ich versuche nie, ihm einfach eine Police auf irgendeinen Betrag aufzuschwatzen.

Mein Ziel besteht in täglich zwei Frage-Interviews während 45 Wochen im Jahr, wobei ich die Woche mit 4 Tagen einsetze. Dies garantiert mir über 300 Möglichkeiten, ein Geschäft zum Abschluß zu bringen, diese Zahl wiederum sichert einem guten Verkäufer 50 bis 100 Abschlüsse. Dafür ein Beispiel:

Ich las einst etwas über den berühmten New Yorker Verteidiger Samuel S. Leibowitz. Dieser Anwalt war dafür bekannt, daß er scheinbar hoffnungslose Fälle zum Guten wenden konnte. Eines Tages, nachdem er einen sehr schwierigen Fall gewonnen hatte, fragte ihn jemand, an welchem Punkt der Verhandlung er den Prozeß zu seinen Gunsten entschieden habe.

„Ich gewann den Fall einen Monat *vor* der Gerichtsverhandlung", sagte der Anwalt. „Als ich den Gerichtssaal betrat, hatte ich alle Fragen im Kopf, die das Gericht an mich richten konnte — und die richtigen Antworten dazu. Das erfordert allerdings eine Menge Arbeit."

In einem anderen Interview sagte Leibowitz: „Wenn ich einen Prozeß vorarbeite, mache ich eine Liste derjenigen Tatsachen, die *gegen* meinen Klienten sprechen. Dazu kommt eine Liste aller Tatsachen, die *für* ihn sprechen. Der Gegenanwalt wird mich nie mit Dingen überraschen können, auf die ich nicht vorbereitet bin."

Dieses Geheimnis eines großen Anwalts kann auch jedem Geschäftsmann viel nützen. Wenn ich an meinem Selbstorganisierungstag meine Vorbereitungen treffe, mache ich mir oft eine Liste aller Argumente, die meine Kunden *gegen* meine Vorschläge vorbringen könnten. Habe ich meine Antworten gut vorbereitet, so gehe ich vertrauensvoll an die Arbeit; und wenn es mir gelingt, einen Abschluß heimzubringen, kann ich ebenfalls sagen: „Ich habe den Fall bereits eine Woche vor dem Abschluß gewonnen."

7.

Das eigentliche Verkaufsgespräch

Das nun geschilderte Gespräch mit Herrn E fand abends in seinem Heim statt. Als ich ankam, wurde ich Frau E und zwei kleinen Kindern vorgestellt. Ich unterhielt mich mit den Kindern, bis sie von Frau E zu Bett gebracht wurden. Als dies erledigt war, wartete das Ehepaar auf meine Einleitungsworte, doch ich tat dasselbe. Ich lasse wenn immer möglich meine Kunden zuerst sprechen.

Bald fragte Herr E: „Haben Sie etwas mitgebracht, das Sie mit uns besprechen wollen?"

Ich überreichte ihm meine ausführliche, schriftliche Offerte und bat Frau E, sie mit ihrem Gatten durchzulesen und jeden einzelnen Punkt zur Sprache zu bringen. Frau E stellte dabei mehrere Fragen, die wir offen zusammen besprachen. Als die Ehegatten bei der Kapitalsumme angelangten, die ich für ihre Verhältnisse als notwendig errechnet hatte, waren beide äußerst erstaunt. Dies ist in der Regel der Fall, denn die notwendige Summe scheint auf Grund der momentanen Situation meist enorm hoch. Geht man aber die einzelnen Beträge durch, die nötig sind, die Existenz der Familie zu sichern, so erlebt man meistens eine Erweiterung des Horizontes und die Zustimmung der Kunden.

Auf der persönlich gehaltenen Offerte ist stets auch der Name der Frau aufgeführt, und ich führe stets zwei Originale mit, damit ich beiden Ehegatten ein Exemplar überreichen kann. Immer wieder konnte ich feststellen, daß Frauen es schätzen, wenn auch ihr Name auf der Titelseite des Exposés angeführt ist.

Während die Eheleute lesen, hüte ich mich, auch nur eine Bemerkung zu machen. Schweigen erweist sich hier als die wirkungsvolle „Redekunst."

Mein Vorschlag enthält:

1. Die Namen und Geburtsdaten aller Familienmitglieder.
2. Bereits bestehende Versicherungen und ihre Prämien.
3. Vermögensstand.
4. Eine Aufstellung der notwendigen Gelder, die beim Tode des Ehemannes vorhanden sein müssen (Spitalgelder, Begräbniskosten, Liquidationskosten, Steuern, Vergabungen usw.)
5. Eine unbedingt notwendige Rente für die Ehefrau bis zur Volljährigkeit der Kinder.
6. Eine Minimalrente für die Ehefrau nach der Volljährigkeit der Kinder.
7. Das nötige Einkommen der Ehegatten im Erlebensfall, um ein sorgenfreies Alter zu sichern.

Der Vorschlag enthält außerdem Bemerkungen über die Errichtung eines Testamentes, wobei ich vorschlage, daß jeder Ehegatte im Falle seines Todes den überlebenden Teil als Alleinerben einsetzt und bei dessen Ableben die Kinder. Es folgt die Adresse des nächsten Notars, der ein solches Testament gegen eine kleine Gebühr aufstellt.

Hierauf folgt der konkrete Vorschlag für eine Erweiterung der bestehenden Versicherung, so daß die als notwendig erachteten Leistungen garantiert werden. Das Ganze wird nach einem bewährten System übersichtlich dargestellt, so daß auch ein Laie auf den ersten Blick die ihm zustehenden Leistungen klar erkennen kann (siehe Seite 63).

Wenn die Ehegatten den Plan durchgesehen haben, blicke ich sie an und frage: „Wie gefällt er Ihnen?"

„Nicht schlecht", sagte Herr E.

Diese Worte bedeuten für mich das grüne Signal für „freie Fahrt!"

Ich sage: „Sehr gut, dann möchte ich vorschlagen, daß mein Freund, Dr. Towson, noch nachsieht, ob Sie *innerlich* so gut aussehen wie äußerlich. Wenn er mit Ihrer Aufnahme einverstanden ist, dann möchte ich Ihnen gerne die Police persönlich überbringen, damit Sie nochmals nachprüfen können, wie exakt dieser Plan Ihren Bedürfnissen entspricht. Sind Sie morgens um 11.15 Uhr in Ihrem Büro?"

„Ich möchte mich jetzt noch nicht untersuchen lassen", sagte hierauf Herr E. „ich muß mir die ganze Sache noch durch den Kopf gehen lassen."

„Würde es Ihnen etwas ausmachen, wenn meine Gesellschaft Ihren Antrag überprüft, während Sie unseren Vorschlag noch überdenken?"

„Eigentlich nicht", antwortete Herr E.

Ohne weitere Umstände habe ich begonnen, das Antragsformular auszufüllen, auf dem die Stelle, wo der Kunde unterschreiben muß, mit einem großen Kreuz bezeichnet ist. Wenn ich fertig bin, überreiche ich es dem Kunden, strecke ihm meine Füllfeder entgegen und sage: „Würden Sie bitte Ihren Namen hierhersetzen, gleich wie ich ihn oben notiert habe?"

Herr E unterschrieb, ohne noch etwas zu sagen.

Ich sage: „Möchten Sie mir für das ganze Jahr einen Check ausstellen oder ziehen Sie es vor, jetzt die Hälfte und die andere Hälfte in sechs Monaten zu zahlen?"

Grafische Zusammenfassung
meines Vorschlages

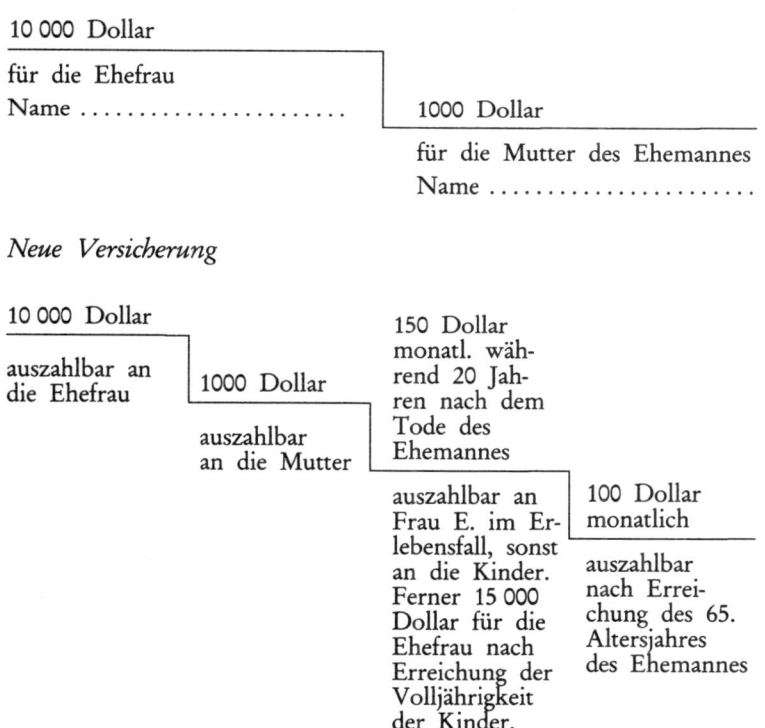

Bestehende Versicherung

10 000 Dollar

für die Ehefrau
Name ....

1000 Dollar

für die Mutter des Ehemannes
Name ....

Neue Versicherung

10 000 Dollar

auszahlbar an
die Ehefrau

1000 Dollar

auszahlbar
an die Mutter

150 Dollar
monatl. während 20 Jahren nach dem Tode des Ehemannes

auszahlbar an Frau E. im Erlebensfall, sonst an die Kinder. Ferner 15 000 Dollar für die Ehefrau nach Erreichung der Volljährigkeit der Kinder.

100 Dollar
monatlich

auszahlbar nach Erreichung des 65. Altersjahres des Ehemannes

Sie können diesen Plan sofort in Kraft treten lassen, wenn Sie dafür im Jahr 743 Dollar oder ca. 66 Dollar im Monat ausgeben.

Herr E besprach diese Frage mit seiner Gattin, und schließlich entschied er sich für vierteljährliche Zahlungen.

Mit einer unbedeutenden Abänderung hat Herr E meinen Plan akzeptiert. Die meisten Menschen lieben es, einen gewissen Widerstand zu leisten. Die große Aufgabe des Verkäufers aber heißt: *Jetzt* verkaufen! In den nächsten Kapiteln werde ich darlegen, welche Methoden sich als wirkungsvoll erwiesen haben, um den Kaufwunsch des Kunden zu wecken und ihn zu einem sofortigen Entschluß zu führen.

Wirkungsvolle Sätze

Wie gefällt er Ihnen?

Es ist immer wieder erstaunlich, wie viele Kunden auf diese Frage zustimmend antworten: *„Nicht schlecht"*, *„Ganz gut"* usw. Das ist ein Signal zum sofortigen Abschluß. Ich steuere daher zielbewußt darauf los, indem ich sofort zur Ausfüllung des Antragsformulars (es kann sich in diesem Fall auch um ein Bestellformular für irgendeine Ware handeln) schreite.

Ich beginne mit einer Frage, die der Kunde ohne weiteres zustimmend beantworten kann: „Ihre Geschäftsadresse ist doch Morningstreet 89, nicht wahr, Herr E?"

Wenn der Kunde einmal angefangen hat, auf meine Fragen zu antworten, springt er nur noch selten ab.

Wenn ich versuche, eine Verabredung für die ärztliche Untersuchung zu treffen und falls der Kunde „es sich noch überlegen will", dann mache ich ihn taktvoll darauf aufmerksam, daß auch die Gesellschaft ein Interesse daran hat, es sich unter Umständen noch zu überlegen. Damit überwinde ich diesen Einwand in den meisten Fällen.

8.

Unbezahlbare Ratschläge für den Abschluß eines Geschäftes, die mir ein erfahrener „Veteran" vermittelte

Ich habe geschildert, wie es möglich wurde, meine Abschlüsse von 1:29 Besuchen auf 1:3 zu steigern. Ich verdanke dies zur Hauptsache einem erfahrenen Verkäufer, Billy Walker in Atlantic City.

Ich hatte ganz hübsch Erfolg, doch stolperte ich meist über den kritischen Punkt des Verkaufsgesprächs. Wenn ich meinen Vorschlag gemacht hatte, sagten viele Kunden: „Gut, Herr Bettger, ich will mir die Sache überlegen. Suchen Sie mich kurz nach dem Monatsende noch einmal auf, ich werde Ihnen dann Bescheid sagen." Dadurch verlor ich sehr viel Zeit und inneren Schwung.

Als ich das Problem mit älteren, erfahreneren Verkäufern diskutierte, hörte ich, daß William C. Walker, unser Filialdirektor in Atlantic City, für seine glänzende Abschlußtechnik bekannt war. Billy hatte eine der besten Agenturen aufgebaut, und er schulte persönlich jeden einzelnen seiner Vertreter, indem er mit ihnen zusammen Kunden besuchte und ihnen zeigte, wie man beim ersten Besuch ein Geschäft zum Abschluß bringen konnte.

Das war der Mann, den ich sprechen wollte. Eines Tages bestellte ich ein Ferngespräch und fragte Herrn Walker, ob ich ihn aufsuchen dürfte, wenn ich nach Atlantic City komme. Er fragte: „Weshalb?" Die Antwort auf meine Erklärung lautete: „Kommen Sie und wohnen Sie unserer Vertreterkonferenz am Samstagvormittag bei."

Herr Walker demonstrierte seinen Vertretern ein Verkaufsgespräch, das er in der vergangenen Woche zum Abschluß gebracht hatte. Einer der Vertreter spielte die Rolle des Käufers, und ich sah, daß Billy ein ganz großer Verkäufer war. Es wunderte mich, wie ihm überhaupt jemand entrinnen konnte!

Nach der Vorführung nahm mich Billy in sein Privatbüro und ich erzählte ihm meine Sorgen. Zu meiner Überraschung sagte er: „Ich weiß genau, was Sie meinen. Ich habe das alles selbst mitgemacht. Besonders Menschen in großen Städten sind der Meinung, ein Vertreter könne immer wieder anrufen und vorsprechen, er habe ja genug Zeit dazu."

„Wie werden Sie damit fertig?" fragte ich.

Bill sagte: „Als ich ein größeres Reisegebiet bekam, wurde es mir klar, daß ich unmöglich gewisse Kunden immer und immer wieder aufsuchen konnte. Wenn wir abschließen *müssen*, dann können wir es auch. Es hängt alles von unserer Geisteshaltung ab."

Etwas ungläubig fragte ich: „Was tun Sie, wenn ein Kunde sagt: ‚Ich will es mir noch überlegen', ‚Ich kann es mir jetzt nicht leisten', ‚Kommt jetzt nicht in Frage' usw.?"

Billy sagte:

„Sie wissen nie, was ein Kunde wirklich denkt. Seine Einwände heißen noch lange nicht, daß er nicht kaufen will. Sie besagen vielmehr, daß es Ihnen noch nicht gelungen ist, ihn zu überzeugen. Sie haben noch nicht soviel Beweise und Tatsachen vorgebracht, daß der Kunde kaufen will."

Die nächste Woche arbeitete ich unter der Voraussetzung, ich sei ein Vertreter Billy Walkers und müßte am kommenden Samstag in der Vertreterkonferenz antreten, wie es die andern Verkäufer getan hatten. Die Alternative lautete: „*Das Geschäft steht und fällt mit dem ersten Besuch!*"

Meine Besuche nahmen eine völlig neue Wendung. Ich entdeckte, daß es von großer Bedeutung ist, wenn wir immer daran denken, daß die Worte eines Kunden noch lange nicht seine wahre Haltung verraten.

Ich möchte dadurch nicht den Eindruck erwecken, ich sei eine Art „Verkaufskanone", die den Kunden unter Druck nimmt und ihm um jeden Preis etwas verkaufen will. Solange ich jedoch meine ganze Aufmerksamkeit auf die *Interessen des Kunden* richte, solange ich nicht zuerst an mich selber, sondern an den Geschäftspartner und an meine Dienstleistung denke, solange besteht auch keine Gefahr, daß ich die zulässige Grenze überschreite.

9.

Wie die richtigen Fragen einen skeptischen Kunden überzeugen können

Meine Gesellschaft gab mir einst die Adresse eines Mannes namens John Bowers. (Der Name ist fiktiv, alles andere entspricht den exakten Tatsachen.) Herr Bowers war Agent einer Fabrik und kürzlich von New York City hergezogen. Ungefähr ein Jahr, bevor er nach Philadelphia zog, hatte er eine kleine Ausbildungspolice für seinen Sohn abgeschlossen.

Bei der ersten Unterredung sah ich sofort, daß ich es mit einem verschlossenen Kundentyp zu tun hatte. Mein übliches Annäherungsgespräch versagte. Er schnitt mir bald einmal das Wort ab mit der Bemerkung: „Ich halte nichts von Lebensversicherungen!"

Auf seinem Pult stand eine große Photographie seiner Frau und seines Sohnes. Ich sagte: „Das ist ein gutes Bild. Ist es Ihre Frau?"

Er nickte und sagte: „Ja, wir haben kürzlich noch ein Töchterchen bekommen."

„Gratuliere!" sagte ich und schüttelte ihm die Hand. „Wie alt ist sie jetzt?"

„Drei Monate", sagte er.

Ich fragte ihn nach ihrem Namen und fand heraus, daß sie Katherine hieß, wie seine Frau.

„Das verändert die Situation vollkommen", sagte ich.

„Wieso?" fragte er, nun etwas freundlicher.

„Sie haben eine Ausbildungspolice für John. Ich nehme an, dasselbe ist auch für Katherine notwendig, nicht wahr?"

„Sicher", sagte er, als ob er froh darüber wäre, daß ich das Thema angeschnitten hatte. „Wollen Sie mir das besorgen?"

„Und ob ich das will!" sagte ich begeistert und zog meine Antragsformulare aus der Tasche. Ohne Widerrede beantwortete er meine Fragen und unterschrieb.

Dann sagte ich: „Herr Bowers, Sie zahlen doch alle diese Raten jedes Jahr selbst, nicht wahr?"

„Natürlich", sagte er.

„Gegen eine kleine Erhöhung der Prämie nehmen wir in die Policen für Ihre Kinder eine Klausel auf, nach der jede Prämienzahlung dahinfällt, wenn Ihnen etwas zustoßen sollte. Mit anderen Worten: Nach Ihrem Tode brauchte Frau Bowers keine Prämien mehr zu bezahlen."

Er wollte wissen, wieviel die „kleine Erhöhung" betrage. Als er erfuhr, daß es sich lediglich um einige Dollars handelte, bat er mich, die Klausel aufzunehmen.

Ich legte ein weißes Antragsformular für diesen Zusatz vor ihn hin und zeigte auf das Kreuz an der Stelle, wo er unterschreiben mußte. „Unterzeichnen Sie bitte hier", sagte ich, und er unterschrieb ohne Einwand.

Dann fragte ich: „Wann haben Sie sich das letzte Mal ärztlich untersuchen lassen, Herr Bowers?"

„Seit ich aus der Marine entlassen wurde nicht mehr", sagte er. „Muß ich mich deshalb untersuchen lassen?" fragte er ärgerlich.

„Natürlich", sagte ich lächelnd, „doch deswegen brauchen Sie sich keine Sorgen zu machen. Wenn Sie inwendig so gut aussehen wie außen, dann haben Sie die beiden Policen in einigen Tagen wieder zurück. Sie fühlen sich doch wohl, heute?"

„Natürlich, ich brauche keine Untersuchung zu fürchten", sagte er.

„Gut", sagte ich, „würde es Ihnen passen, wenn Sie unser Arzt morgen um 10.15 Uhr besuchen würde?"

Wir trafen eine Verabredung, und ich verließ ihn, ohne einen Versuch zu machen, noch weitere Informationen von ihm zu erhalten, hatte er mir doch mit unmißverständlicher Deutlichkeit gesagt, daß er nichts von Lebensversicherungen halte. So wollte ich kein Risiko auf mich nehmen, ahnte er doch nicht, welche Veränderung der Situation die ärztliche Untersuchung herbeiführen konnte.

Einige Tage später brachte ich ihm die beiden Policen für seine Kinder zurück. Es handelte sich nur um solche à 1000 Dollar, und er gab mir einen Check für die ganze Jahresprämie.

Dann sagte ich: „Herr Bowers, ich gratuliere Ihnen zum ausgezeichneten Ergebnis der ärztlichen Untersuchung. Im Hinblick auf die Genauigkeit der Untersuchung hat mich meine Gesellschaft ermächtigt, Sie bis zu 50000 Dollar zu versichern."

„Es freut mich, daß die Untersuchung günstig ausfiel", sagte er, „doch ich selbst will keine Versicherung. Sie erinnern sich doch, daß ich nichts von Lebensversicherungen halte."

„Selbstverständlich, das ist einzig und allein Ihre Angelegenheit", sagte ich.

Jetzt war die Zeit gekommen, weitere Informationen zu erhalten, wenn ich dem Gespräch eine positive Wendung geben wollte. Ich sagte: „Herr Bowers, es ist mir nicht möglich, an der Farbe Ihrer Augen ein Bild Ihrer Situation zu erhalten. Würden Sie mir einige Fragen erlauben?"

Er stimmte zu, und ich ging meine Fragen so schnell wie möglich durch. Zu meiner Überraschung antwortete er ohne zu zögern. Als ich auf seine Vermögenslage und sein Einkommen zu sprechen kam, hatte ich das Gefühl, er antworte sogar mit einem gewissen Stolz. Auf meine letzte Frage: „Was machen Sie in Ihrer Freizeit? Mit andern Worten: Haben Sie ein Hobby?", erfuhr ich, daß er ein Boot besaß und während des Sommers seine Freizeit mit Fischen verbrachte. Das Boot hatte 7500 Dollar gekostet!

Er erzählte mich allerlei über seine Fischerei, und als er damit fertig war, sagte ich: „Ich danke Ihnen für Ihr Vertrauen. Ich möchte betonen, daß dies alles streng vertraulich behandelt wird. Wenn irgend jemand etwas über unsere Unterredung erfährt, dann nicht von mir, sondern von Ihnen."

„Aber versuchen Sie nur nicht, mir eine Lebensversicherung anzuhängen!" warnte er.

Ungefähr eine Woche später rief ich ihn telefonisch an und fragte, ob ich ihn Montagvormittag besuchen könne.

‚Warum?" fragte er kühl.

„Ich habe einige Informationen, die ich Ihnen gerne zeigen möchte", sagte ich.

„Was betrifft es?" fragte er.

„*Sie*! Etwas, das Sie sehen sollten!"

Er war einverstanden, und wir vereinbarten uns auf 2 Uhr nachmittags.

Ich traf pünktlich ein, doch sein Büro war geschlossen. An der Türe steckte ein Zettel: „Deponieren Sie Ihre Unterlagen in der Garage. Ich befinde mich 1518, Pine Street."

Ich wußte nicht, was ich tun sollte. „Nun gut," dachte ich, „wir hatten eine Abmachung und er hinterließ seine Adresse (es war seine Privatwohnung), also versuche ich mein Glück."

Als ich läutete, öffnete Frau Bowers. Ich sagte, ich hätte eine Verabredung mit ihrem Mann. Sie ließ mich draußen stehen, kam aber nach einigen Augenblicken zurück und bat mich, einzutreten. Herr Bowers lag auf dem Sofa im Wohnzimmer. Er stellte mich vor als „der Mann, der die Sache mit unseren Kinderpolicen geregelt hat". Frau Bowers lächelte freundlich, verließ aber sofort das Zimmer. Ich hörte noch die beiden Kinder, als sie die Türe hinter sich schloß.

Herr Bowers lud mich ein, Platz zu nehmen und sagte gähnend: „Was wollten Sie mir zeigen?"

Ich öffnete meine Mappe und entnahm ihr die schriftliche Analyse seiner Situation. Indem ich ihm die Unterlagen überreichte, nahm ich meine Kopie zur Hand und sagte: „Wenn es Ihnen recht ist, werde ich einfach still warten, bis Sie meine Unterlagen durchgelesen haben."

Ich möchte nochmals betonen, daß ich an dieser Stelle der Verhandlung nie meinen Mund auftue! Ich erlebe es immer wieder, daß mich Vertreter besuchen, mir Unterlagen zum Studium überreichen und weiterreden, während ich gerne in Ruhe lesen möchte. Ich höre jeweils auf zu lesen und blicke dem Vertreter ins Gesicht, bis er aufhört zu reden. Dann lese ich weiter, doch er fängt wieder an zu sprechen...

In solchen Fällen möchte ich jeweils gerne sagen: „Was wollen Sie eigentlich von mir? Soll ich *lesen* oder soll ich Ihnen *zuhören?"*

Herr Bowers legte sich wieder auf das Sofa und las meine Analyse durch, ohne ein Wort zu sagen. Als er damit fertig war, ließ er die Blätter neben sich auf den Boden fallen und sagte nichts. Nach einigen Augenblicken sagte ich: „Wie gefällt es Ihnen?"

Bowers: „Ich will nichts von Lebensversicherungen wissen."

Ich: „Warum?"

Bowers: „Ich habe Ihnen dies von allem Anfang an deutlich genug gesagt. Ich halte nichts davon! (Ich merkte, daß er ärgerlich wurde und daß es eine harte Auseinandersetzung geben würde, doch ich fürchtete mich nicht davor, denn ich wußte, daß ich eine gute Sache vertrat.)

Ich: „Herr Bowers, haben Sie nicht irgendeinen andern Grund, warum Sie noch keine Lebensversicherung abgeschlossen haben?"

Bowers: „Nein. Ich halte einfach nichts davon!"

Ich: „Herr Bowers, ich möchte einen Punkt ganz klar machen:

Wenn wir nun miteinander über meinen Vorschlag sprechen, so steht es Ihnen völlig frei, mir zu antworten oder nicht. Ich werde keinen Versuch machen, Ihnen eine Lebensversicherung zu verkaufen. Sie können mir jede Frage stellen, die Sie interessiert, und wenn wir fertig sind, werde ich mit keinem Wort auf den Abschluß einer Police drängen. Genügt Ihnen dies?"

Bowers: „Gut, machen Sie vorwärts."

Ich zog meinen Stuhl etwas näher zu ihm hin und hielt meinen Vorschlag so, daß wir ihn beide übersehen konnten. Am Schluß hieß es: Zusätzliches Kapital, welches ich benötige, um meine Verpflichtungen und Bedürfnisse zu erfüllen: 78300 Dollar. Indem ich auf die oberste Zahl deutete, sagte ich: „Herr Bowers, Sie haben zugegeben, daß Ihre Frau ein Mindesteinkommen von 350 Dollar monatlich benötigt, wenn Ihnen etwas zustoßen sollte. Erinnern Sie sich daran?"

Bowers: „Stimmt."

Ich: „Zuerst sagten Sie 500 Dollar, doch wir kürzten den Betrag später auf 350, nicht wahr?"

Bowers: „Ja."

Ich: „Und nun zu Ihnen! Sie sagten mir, Sie möchten sich mit 60 Jahre zurückziehen, und daß Sie dazu mindestens 350 Dollar im Monat nötig hätten. Stimmt das?"

Bowers: „Ich habe aber mehr als das!"

Ich: „Sie sagten mir, daß Sie mindestens 350 Dollar haben müßten, wenn irgend etwas passieren sollte und Sie arbeitsunfähig werden sollten."

Bowers: „Das stimmt, aber ich werde nicht arbeitsunfähig werden!"

Ich: „Aber Sie geben zu, daß 350 Dollar monatlich sehr nützlich wären, wenn es *doch* der Fall sein würde?"

Bowers: „Ganz bestimmt."

Ich: „Sie haben mir offen gesagt, daß Ihre Frau im Falle Ihres unerwarteten Todes über 350 Dollar monatlich verfügen müßte, um die Erziehung Ihrer beiden Kinder John und Katherine zu garantieren."

Bowers: „Aber ich will trotzdem keine Lebensversicherung!"

Ich: „Herr Bowers, ich bin in der Lage, Ihnen heute nachmittag einen Dienst zu leisten, den Ihnen außer mir niemand bieten kann."

Bowers: „Was meinen Sie damit?"

Ich (indem ich meiner Mappe eine fertig ausgestellte Police entnehme): „Auf Grund des ausgezeichneten Ergebnisses der ärztlichen Untersuchung habe ich mir erlaubt, diese Police auf Ihren Namen auszustellen — natürlich ohne jede Verpflichtung für Sie. Sie können sie jetzt schon in das Safe Ihrer Gattin legen. Wenn Sie am Leben bleiben, entspricht sie den Ersparnissen von zwanzig Jahren."

Bowers: „Und was kostet sie mich?"

Ich: „Sie kostet Sie nichts — es handelt sich hier um eine Kapitalanlage." (Ich wies mit dem Zeigefinger auf die Zahl 10 000 in der Vermögensaufstellung, welche das Bankkonto repräsentierte.) „Sie transferieren ganz einfach 1709 Dollar von diesem Bankkonto auf Ihr Versicherungskonto, und damit haben Sie in dieser Minute die Leistungen garantiert, die Sie für Ihre Familie als unbedingt nötig erachten, ob Sie nun sterben sollten oder nicht."

Bowers: „Lassen Sie mir die Police da, ich will mir die Sache überlegen."

Ich: „Es gehört zu meiner Arbeit, Ihnen bei Ihren Überlegungen behilflich zu sein, Herr Bowers. Sie brauchen sich über die ärztliche Untersuchung keine Sorgen mehr zu machen — das alles ist in Ordnung. Sie brauchen sich auch nicht mehr zu überlegen, ob Sie diese Sicherheit im Falle einer Arbeitsunfähigkeit brauchen, nicht wahr?"

Bowers: „Nein."

Ich: „Sie brauchen sich auch nicht mehr zu überlegen, ob Ihre Frau ein Mindesteinkommen von 350 Dollar nötig hat oder nicht."

Bowers: „Ich denke da an ganz andere Dinge."

Ich: „Nehmen wir einmal an, Frau Bowers würde an Ihrer Stelle Geld verdienen und es wäre Ihnen bewußt, daß Sie alles verlieren würden, wenn Ihre Frau stirbt. Sie würden doch sicher meinem Plan zustimmen, nicht wahr?"

Bowers: „Ich sagte Ihnen aber, daß ich keine Lebensversicherung abschließen werde."

Die Arbeit des Versicherungsverkäufers besteht zum großen Teil in gefühlsmäßigen Momenten. Wenn es nicht gelingt, an das Gefühl eines Kunden zu appellieren, wenn er nicht daran denkt, seine Frau und seine Kinder könnten in Not geraten, dann ist es unsere Aufgabe, diese Gefühle zu wecken — und dieser Augenblick war jetzt gekommen. Ich wußte genau, daß seine Frau vor der Türe zuhörte. Ich stand auf und ging einige Schritte auf und ab. Dann sagte ich:

„Herr Bowers, haben Sie auch schon etwas von einem ‚Blitzkrieg' gehört?"

Bowers (er machte den Eindruck, als ob er zum ersten Male richtig zuhöre): „Natürlich."

Ich: „Sie wissen also, was ein Blitzkrieg ist?"

Bowers: „Natürlich weiß ich es!"

Ich: „Gut, wenn Ihnen irgend etwas zustößt, dann bedeutet dies für Ihre Familie gleichsam einen Blitzkrieg. Möchten Sie wirklich, daß Ihre kleinen Kinder mittellos dastehen, wenn Ihnen und Ihrer Frau etwas zustoßen sollte?"

Ich stand am Fenster und blickte ins Freie. Nach einem längeren Stillschweigen sagte Bowers:

„Wie hoch ist die Prämie für diese Police?"

Ich schritt auf ihn zu, nahm ein Blatt Papier und addierte die entsprechenden Zahlen. Sie ergaben genau die Summe, die bereits in meinem Vorschlag niedergelegt war.

Bowers (nach seiner Frau rufend): „Bring mir mein Checkbuch!"

10.

Analyse der Grundsätze, die zu diesem Verkauf führten

Wir wollen diesen Verkauf analysieren. Wie können Sie diese Grundsätze selber anwenden? Ich verkaufte damit eine Versicherung, doch sie gelten praktisch für jeden Verkauf, ob es sich nun um Schiffe, Schuhe oder Bodenwichse handelt.

Ohne die elementaren Dinge, die zum Interview führten, zu erwähnen, handelt es sich um die folgenden Faktoren:

Die Stelle, wo der Kunde unterschreiben muß, vermerke ich stets mit einem großen Kreuz. Ich überreiche ihm meine Füllfeder, deute auf diese Stelle und sage: „Gerade hier!" Manchmal sage ich auch: „Wollen Sie bitte hier Ihren Namen hinsetzen, genau gleich wie auf der obersten Linie."

Ich trachte immer danach, die Antragsformulare schon so weit wie möglich ausgefüllt mitzubringen. Zumindest setze ich Name und Adresse bereits ein. Darin liegt eine starke psychologische Wirkung. Ich habe nie herausgefunden, woran es eigentlich liegt, aber es erleichtert den Abschluß für den Verkäufer und den Kunden ganz offenkundig.

Wirkungsvolle Sätze

„Ganz richtig — Sie allein haben dies zu entscheiden!"
Die Leute schätzen es nicht, wenn man ihnen etwas verkauft;
sie wollen lieber selber *kaufen*. Ich fühle mich stets in der Rolle
des Beraters. Dadurch wird es meine oberste Pflicht, die Interessen des Käufers zu wahren.

„Warum?"
Dieses Wort hat eine außerordentlich starke Wirkung. Ich benütze die Fragen „Warum?" und „Warum nicht?" praktisch in jedem Verkaufsgespräch.

*„Gibt es außerdem noch andere Gründe, die Sie davon abhalten,
meinem Plan zuzustimmen, Herr Bowers?"*
Die Menschen haben gewöhnlich zwei Gründe, etwas abzulehnen: einer klingt gut — einer ist *wahr*. Wenn ich die Rapporte
vieler Jahre durchgehe, stelle ich immer wieder fest, daß der
Kunde in der Regel zuerst nicht den wahren Grund seiner Ablehnung nennt. Das beste Mittel, den wirklichen Grund ausfindig
zu machen, liegt in den beiden Fragen: „Warum?" und „Warum
nicht?"

*„Herr Bowers, ich möchte einen Punkt ganz klar machen: Wenn
wir nun miteinander über meinen Vorschlag sprechen, so steht es
Ihnen völlig frei, mir zu antworten oder nicht. Ich werde keinen
Versuch unternehmen, Ihnen eine Lebensversicherung zu verkaufen.
Sie können mir jede Frage stellen, die Sie interessiert, und wenn
wir fertig sind, werde ich mit keinem Wort auf den Abschluß einer
Police drängen. Genügt Ihnen dies?"*
Mit anderen Worten: Ich fordere nie jemanden direkt auf, zu
kaufen. Es gibt nur einen einzigen Weg, die Menschen zu etwas
zu veranlassen, ob es sich nun um die eigenen Kinder oder ande-

re Leute handelt: Wir müssen es fertig bringen, daß sie es selber tun wollen!

Zusätzliches Mindestkapital, das ich benötige,
um meine Bedürfnisse zu befriedigen
Dieser stark wirkende Satz steht direkt in meiner Offerte. Dazu kommen die Worte: „*Von Ihnen genannt.*" Meine ganze Verkaufstaktik untersteht diesem Punkt: Ich habe meine Informationen sorgfältig nach den Angaben des Kunden zusammengestellt und daraus die nötigen Schlüsse gezogen. Wenn meine Tatsachen stimmen, so erspare ich mir damit manche Einwände der Kunden. Auch der am meisten auftauchende Einwand: „*Das kann ich mir nicht leisten!*" wird dadurch leichter überwunden, denn wir können uns meistens leisten, was wir wirklich *wollen!*

„*Herr Bowers, ich bin in der Lage, Ihnen heute nachmittag einen Dienst zu leisten, den Ihnen außer mir niemand bieten kann.*" Dieser Satz hat — sofern er wirklich zutrifft — immer eine starke Wirkung.

„*Es gehört zu meiner Arbeit, Ihnen bei Ihren Überlegungen behilflich zu sein, Herr Bowers. Sie brauchen sich nicht mehr zu überlegen ob...*" (und nun sofort zurück zu den einzelnen Fragen, damit möglichst schnell abgeklärt werden kann, was er sich wirklich überlegen will).

„*Herr Bowers, haben Sie auch schon etwas von einem ‚Blitzkrieg‘ gehört?*"
Manchmal muß man die Menschen in ihrem eigenen Interesse aufrütteln. Es gibt grundsätzlich nur zwei Dinge, die einen Menschen zum Handeln bringen: *der Wunsch nach Gewinn* und *die Angst vor Verlust.* Die Angst ist eine mächtige Triebfeder

menschlichen Handelns, wo wirkliche Risiken und Gefahren
vorliegen.

*„Möchten Sie wirklich, daß Ihre beiden kleinen Kinder mittellos da-
stehen, wenn Ihnen und Ihrer Frau etwas zustoßen sollte?"*
Es ist wichtig, das Wörtchen SIE immer wieder ins Gespräch
zu setzen. Als ich diesen Verkauf analysierte, war ich überrascht,
festzustellen, daß ich das Wort SIE ungefähr sechzigmal benützt
hatte. Ich weiß nicht mehr, wo ich über die Bedeutung dieses
Grundsatzes zuerst etwas gelesen habe, aber ich weiß, daß seine
Befolgung der praktische Weg ist, um sich selber dazu zu zwingen, stets zuerst an die Interessen und Gesichtspunkt des Kunden
zu denken. Die wichtigste Regel heißt:

**Denke immer an die Gesichtspunkte und Überlegungen
des Kunden, denke an seine Wünsche und seine
Bedürfnisse!**

Sie können selbst einen sehr wertvollen Test machen: Schreiben
Sie einmal ganz genau nieder, was Sie in einem Ihrer letzten Verkaufsgespräche sagten. Prüfen Sie dann, wie oft Sie die Worte
„Ich" oder „Wir" gebraucht haben und fragen Sie sich, wie oft
sie sich in „Sie" oder „Ihre" umwandeln lassen.
Ein wahres Wort lautet: Ein Verkäufer, der nur solchen Leuten
etwas verkauft, die kaufen *wollen*, verdient nicht einmal sein
Bahnbillett.
Ein wichtiger Wendepunkt in meiner Laufbahn wurde durch
den hervorragenden Verkäufer J. Elliot Hall herbeigeführt. Er
sprach in einem Vortrag über seine Technik, Einwänden zu begegnen. Dabei benützt er keineswegs Schema-Antworten, wie
man sie in gewissen Büchern „Wie man Einwände widerlegt"

findet. Er begegnet solchen Schwierigkeiten, indem er *Fragen stellt*. Nie unternimmt er den Versuch, seinen Kunden zu sagen, sie sähen die Dinge falsch. Er stellt ganz einfach Fragen, die automatisch zu neuen Schlüssen und Überlegungen führen.

Diese Erkenntnis hatte bei mir tiefgreifende Folgen. Niemals hinterließ dieser erstklassige Verkäufer den Eindruck, er wolle andere *überreden*. Seine Fragen hatten einzig und allein den folgenden Zweck:

■■■■■■ *Dem Kunden zu helfen, das, was er wollte, zu erkennen und ihm dann beizustehen, es zu erreichen!*

Wenn Sie mein Interview mit Herrn Bowers noch einmal durchlesen, werden Sie feststellen, daß ich sehr bald hinausgeflogen wäre, wenn ich mich, anstatt Fragen zu stellen, in eine Diskussion eingelassen hätte.

Sie werden in späteren Verkaufsgesprächen immer wieder auf diese Fragen stoßen. Dieses Buch enthält rund 65 „wirkungsvolle Sätze". Die meisten davon können wörtlich oder mit unbedeutenden Änderungen praktisch bei jedem Verkauf angewandt werden. Einige davon, die direkten Bezug auf Versicherungen haben, können ohne Mühe auf andere Gebiete abgewandelt werden.

So wurde ich zum besseren Verkäufer (2):

Etwas, das ich beim Sport lernte und in meiner Verkaufstätigkeit täglich anwenden konnte

Nachdem ich eines Tages mit den Cardinals gespielt hatte, sagte unser Manager, Roger Bresnahan, zu mir: „Morgen um 10 Uhr will ich dich in voller Ausrüstung hier auf dem Platz sehen!"

Es war Mitte Juli, und das Morgentraining war längst eingestellt worden. Ich wunderte mich, was er von mir wollte.

Am andern Morgen waren fünf Spieler anwesend, und der Manager ließ uns einige Bälle schlagen. Er schien dabei nur mich im Auge zu haben. Mißmutig dachte ich: „Was soll das bedeuten, uns in dieser Hitze herumzujagen?"

Bald sagte der Manager: „Frank, du hast eine schlechte Gewohnheit angenommen. Du spielst den Ball seitlich, anstatt ihm frontal entgegenzutreten."

Ich wollte mich mit ihm in eine Diskussion einlassen, doch er schnitt mir scharf das Wort ab: „Hör zu, Frank", sagte er, „du willst doch weiterhin in unserem Club spielen, nicht wahr?"

„Natürlich!" sagte ich.

„Gut, dann tue, was ich dir sage, und wir werden keine Schwierigkeiten zusammen haben."

Wir setzten unsere Übungen fort, und bald spürte ich, daß das frontale Spiel viel leichter und weniger anstrengend war. Schwierige Bälle ließen sich leichter beherrschen — und Bresnahan hatte seine Freude an mir.

Später fragte ich ihn, wie er auf diese Idee gekommen sei. Er sagte: „Ich lernte es vom größten Baseballspieler, den ich kenne, von John McGraw!"

Später hatte ich Gelegenheit, John McGraw selber darüber zu befragen. Er sagte: „Das ist richtig. Der Ball mag kommen wie er will, nimm ihn wenn immer möglich direkt von vorne, nicht seitlich."

Jahre später entdeckte ich, daß derselbe Grundsatz auch in meiner Verkaufstätigkeit zutraf. Eines Tages besuchte ich einen hartgesottenen Geschäftsmann, der mich keines Blickes würdigte, als ich mit ihm sprach. Und plötzlich erinnerte ich mich an John Bresnahans Worte: „Nimm sie alle direkt von vorne!"

Ich rückte meinen Stuhl direkt vor den Mann hin und sah ihm interessiert in die Augen. Die Wirkung war einzigartig! Er gewährte mir seine ganze Aufmerksamkeit, und ich erhielt in einem kurzen Interview alle Angaben, die ich brauchte, um konkrete Vorschläge auszuarbeiten. Die Unterredung führte zu großen Abschlüssen mit ihm und dreien seiner Mitarbeiter.

Immer, wenn ich mit jemandem spreche, kommen mir die Worte Bresnahans in den Sinn. Ob mein Gesprächspartner sitzt oder steht, ich trachte immer danach, ihm direkt gegenüberzustehen. Ist dies nicht möglich, so drehe ich den Kopf so, daß ich ihm direkt ins Gesicht blicken kann.

Auf diese Weise ist es mir gelungen, vielbeschäftigte Leute, die angeblich „keine Zeit für Vertreter" hatten, zum Sprechen zu bringen, und sie gaben dabei sogar private Dinge preis, die sie nie zuvor einem Verkäufer erzählt hatten.

Ich glaube, daß einen die Menschen nach der Art und Weise beurteilen, wie man sich vor ihnen benimmt. Wenn ich mit ganzem Interesse zuhöre — packt mich eine Unterredung so, als ob ich selber spräche, und immer stelle ich fest, daß auch der Partner ganz anders reagiert, wenn er spürt, daß mir seine Worte nicht gleichgültig sind.

Nun, da ich ein Alter erreicht habe, in dem ich Rückschau halte, um festzustellen, was mir am meisten nützte, wird mir die hohe Bedeutung des Grundsatzes, den ich vor 40 Jahren an einem heißen Sommertag erlernen mußte, klar: *„Nimm sie alle direkt von vorne!"*

Das grundlegende Geheimnis des Verkaufserfolges, und wie ich seine Anwendung kennen lernte

11.

Das große Erfolgs-Geheimnis

Während der schlimmsten Zeit einer Wirtschaftskrise bewarb sich
ein junger Mann, der soeben seine Universitätsstudien abgeschlossen hatte, um eine Stelle in einem großen Warenhaus derselben
Stadt. Er war im Besitze eines Empfehlungsschreibens seines Va-
ters, der mit dem Direktor des Warenhauses befreundet war.
Der Direktor sagte: „Ich würde Ihnen sehr gerne eine Stelle verschaffen. Ihr Vater war mein liebster Kamerad während unserer
gemeinsamen Schulzeit, und ich freue mich jedes Jahr von neuem, ihn an unserer Klassenzusammenkunft zu sehen. Unglückli-
cherweise aber kommen Sie zur ungünstigsten Zeit, die man sich
denken kann. Unser Geschäft geht so schlecht, daß wir gezwungen waren, außer unseren besten und bewährtesten Mitarbeitern,
viel Personal zu entlassen."
Auch andere Studenten, die eben ihre Studien abgeschlossen hatten, bewarben sich bei derselben Firma, doch alle wurden abgewiesen. Als wieder einer sein Glück versuchen wollte, wurde er
von seinen Kameraden ausgelacht, und man sagte ihm, er werde
nur seine Zeit verschwenden. Doch der Bursche ließ sich nicht
entmutigen. Er besaß zwar keinen Empfehlungsbrief — dafür
aber eine *Idee*! Als er sich beim Direktor meldete, sagte er kein
Wort von einer Stelle, ja er kam überhaupt nicht auf das zu
sprechen, was er wollte. Er ließ dem Direktor die folgende Notiz
überreichen: „*Ich habe eine Idee, die Ihnen helfen wird, die Krise
zu überwinden. Kann ich Ihnen darüber berichten?*"

„Lassen Sie den Mann eintreten!", sagte der Direktor. Dieser ging ohne Umschweife auf die Sache los und sagte: „Ich möchte Ihnen helfen, einen Studentenrayon einzurichten. Diese Abteilung würde sich ausschließlich mit dem Verkauf von Kleidern und Wäsche für Studenten befassen. Das College der Stadt zählt deren 16000, und diese Zahl nimmt jedes Jahr zu. Geben Sie mir einen Ihrer besten Einkäufer, und ich will ihn genau instruieren, *was* verkauft werden muß, damit die Studenten zufrieden sind. Dann werde ich dafür sorgen, daß Ihre Abteilung von den jungen Menschen besucht wird!"

In kurzer Zeit hatte das Warenhaus die völlig neue Abteilung eingerichtet, und es wurde daraus der lebendigste und rentabelste Rayon, den das Haus je geführt hatte.

Als ich noch im Dunkeln tappte und die Grundlage des erfolgreichen Verkaufs langsam entdeckte, habe ich diesen Grundsatz unbewußt ebenfalls angewandt, und er brachte mir einen der größten Abschlüsse ein, die in unserer Gesellschaft je gemacht wurden. Einer der beiden Verkäufer gratulierte mir dazu und sagte: „Ich zweifle noch immer, ob Sie wirklich wissen, *warum* Ihnen dieses Geschäft gelungen ist."

Ich fragte, was er damit sagen wolle.

Hierauf hörte ich die grundlegendste Wahrheit über den Verkauf überhaupt. Er sagte: „*Das größte Verkaufsgeheimnis besteht darin, herauszufinden, was jemand will, und ihm dann zu helfen, es zu bekommen.* Der Kunde, mit dem Sie das Geschäft abschlossen, wollte gar keine Lebensversicherung. *Niemand* will überhaupt je eine Lebensversicherung! In der ersten Minute der Unterredung tappten Sie per Zufall auf das Ziel los, mit andern Worten, Sie fanden zufällig heraus, *was er wollte.* Dann zeigten Sie ihm, wie er es bekommen konnte. Sie sprachen davon und stellten ihm Fragen, die das Ziel mehr und mehr in greifbare Nähe rückten. Nie ließen Sie das Gespräch abschweifen. Wenn Sie immer nach diesem Grundsatz vorgehen, werden Sie bald herausfinden, daß erfolgreich Verkaufen nicht allzu schwer ist."

Diese Worte eines hervorragenden Verkäufers beeindruckten mich tief. Ich erkannte ihre ganze Bedeutung und unterstellte meine ganze Laufbahn dem Grundsatz:

**Finde heraus, was die Menschen wollen,
und hilf ihnen, es zu bekommen!**

Dieses Prinzip gab mir neue Kraft, Mut und Begeisterung. Da war etwas, das weit über jeder „Verkaufstechnik" stand. Ich hatte eine Lebenshaltung gewonnen.

12.

Wie sich dieser Grundsatz in der Praxis bewährt

Eines Tages sprach ich bei einem kleinen Bauunternehmen vor, welches im dritten Stock eines Hintergebäudes sein Büro hatte. Die Firma wurde von zwei Partnern geleitet; einer davon war 27 Jahre alt. Er befand sich allein in seinem Büro und tippte eine Offerte für eine Bauarbeit in die Maschine.

Nach den üblichen Einführungsworten flammte das „grüne Licht" auf, und ich begann mit dem Mann über seine persönliche Zukunft und diejenige seines Geschäftes zu sprechen.

Nach einigen Minuten unterbrach er mich lachend: „Sie verlieren Ihre Zeit, denn Sie sprechen von einer fernen Zukunft, die nichts mit der Realität zu tun hat. Wir haben praktisch mit nichts angefangen, und es reicht gerade, um kleinere Arbeiten auszuführen, von größeren kann keine Rede sein."

Ich: „Warum?"

Er: „Wir haben kein Geld dazu."

Ich: „Wie lange besteht Ihre Firma?"

Er: „Zwei Jahre."

Ich: „Was kehren Sie vor, um genug Mittel für größere Arbeiten zu erhalten?"

Er: „Ich weiß es nicht."

Ich: „Wie haben Sie eigentlich angefangen?"

Er: „Mein Partner und ich arbeiteten für einen großen Bauunternehmer, der sehr viel verdiente. Dann aber begann er zu trinken, und Tom und ich sahen ein, daß wir dort keine Zukunft hatten. Eines Tages schlug ich Tom vor, mit mir zusammen etwas Neues anzufangen."

Ich: „Wie alt ist Tom?"

Er: „Siebenunddreißig."

Ich: „Und wie stehen seine Fähigkeiten?" (Hierauf hörte ich ein einziges Loblied auf Toms Charakter und Wissen.) „Können Sie diese Worte in Anwesenheit eines mir befreundeten Bankiers wiederholen?"

Er: „Aber sicher!"

Ich: „Gut. Was Ihnen fehlt, ist *Kredit*. Ich glaube, Ihnen einen Bankkredit verschaffen zu können, so daß Sie große Aufträge annehmen und ausführen können. Mein Plan besteht aus zwei Schritten: Erstens möchte ich, daß Sie und Ihr Partner von einem Arzt untersucht werden, damit ich weiß, ob Sie versicherungsfähig sind. Wenn dies der Fall ist, werde ich für uns drei eine Verabredung mit dem Bankier treffen. Einverstanden?"

Er: „Von mir aus ja."

Ich: „Wo kann ich Tom treffen, ich möchte ihn kennenlernen."

Zwanzig Minuten später sprach ich mit Tom auf dem Gerüst eines Hauses, wo er eine Dacharbeit überwachte. Er machte einen offenen, aufrichtigen Eindruck und entsprach durchaus dem guten Zeugnis, das ihm sein Partner ausstellte. Er war sehr beschäftigt, und ich wiederholte in aller Kürze meine Unterhaltung mit seinem Freund. Ich sagte ihm, dessen gute Auskunft habe mich sehr beeindruckt und ich glaube, ihnen helfen zu können.

Tom: „Und wie stellen Sie sich das vor?"

Ich wiederholte meine Absichten.

Tom: „War Joe damit einverstanden?"

Ich: „Ja, er sandte mich zu Ihnen, um Sie darüber aufzuklären."

Am andern Morgen wurden die beiden Männer vom Arzt untersucht. Ich hatte auf sie vier Policen von je 25 000 Dollar ausgestellt, total 100 000 Dollar. Als ich die Dokumente vor ihnen auf den Tisch legte, brachen beide in schallendes Gelächter aus. Einer besaß eine Versicherung auf 1 000 Dollar, der andere hatte eine Police von 5 000 Dollar. Beide zahlten ihre Prämien vierteljährlich. Die 100 000 Dollar kamen ihnen vor wie eine Million, und sie konnten nicht glauben, daß es mir damit ernst war. Ich sagte: „Es ist mir aber ernst! Ich lasse diese 100 000 Dollar sofort in Kraft treten, und wenn wir zusammen den Bankier aufsuchen, möchte ich, daß Sie diese Policen bei sich haben." Tom (lachend): „Und wie sollen wir diese Prämien aufbringen?" Ich: „Sie werden diese Prämien leichter aufbringen als die jetzigen für Ihre kleinen Policen, denn Sie werden große Aufträge erhalten."

Die beiden Männer machten mir eine kleine Anzahlung an die Jahresprämie auf 100 000 Dollar. Für den Rest stellten sie mir Schuldscheine auf drei Monate aus. Es wurde vereinbart, daß die Fälligkeit erneuert würde, wenn eine Bezahlung nicht möglich sein sollte. Ich bestätigte ihnen außerdem, daß die Schuldscheine hinfällig würden, wenn sie keine großen Aufträge bekämen, und daß sie mir in diesem Falle nichts schulden würden. „Ich habe so großes Vertrauen in Sie, daß ich dieses Risiko auf mich nehme", sagte ich.

Am andern Tag sprachen wir alle drei beim Vizepräsidenten einer Großbank vor. Wir waren verabredet, und ich hatte Tom und Joe genau instruiert; Tom sollte sich schweigend verhalten, aber sein freundlichstes Gesicht zeigen; meine einzige Sorge bestand darin, daß Joe nicht mehr so begeistert über die Fähigkeiten seines Partners aussagen würde wie zuvor.

Glücklicherweise täuschte ich mich. Er erzählte verschiedene Beispiele, wie Tom für seinen ehemaligen Arbeitgeber eingestanden war. Er sprach mit Begeisterung und Überzeugungskraft, und jedermann konnte sehen, daß er es aufrichtig meinte. Als der Bankier nach ihren Versicherungen fragte, legte er die vier Policen von total 100 000 Dollar auf den Tisch.

Die Bank gab ihnen einen Kredit, der die Annahme und Ausführung großer Bauaufträge ermöglichte.

Vertrauen und die Anerkennung des einen für den andern ermöglichten es ihnen, aus dem Nichts in wenigen Jahren zu einem der größten und bekanntesten Bauunternehmen in Philadelphia aufzusteigen.

Später erweiterten sie ihre Lebensversicherungen auf nahezu eine Million Dollar. Natürlich konnte ich alle diese Policen abschließen und noch viele dazu, denn die beiden Männer wurden für mich zu einem bedeutenden Einflußzentrum. Wir sprachen noch oft über jene erste Policen, die ich ihnen verkauft hatte, und die sie zuerst als schlechten Witz aufgefaßt hatten.

Können Sie sich ausmalen, wie weit ich gekommen wäre, wenn ich die beiden Männer nur aufgesucht hätte, um ihnen eine Lebensversicherung zu verkaufen?

Der Grundsatz, herauszufinden, was die Menschen brauchen, und ihnen dann zu helfen, es zu bekommen, hatte sich auch hier hervorragend bewährt.

13.

Der Haupteinwand erwies sich als Verkaufssignal!

Während der schlimmsten Zeit der Wirtschaftskrise spazierte ich einst zusammen mit einem Freund die Broad Street in Philadelphia hinunter. Als wir an einem Parkplatz vorbeikamen, sah ich zwei Männer, die — so dachte ich — miteinander in Streit geraten waren. Es hatte sich bereits eine Gruppe von Zuschauern gebildet und ich sagte zu meinem Freund: „Bill, was geht dort vor?" — „Ach, das kennst du nicht?", sagte Bill. „Das mußt du dir einmal ansehen."

Wir sahen dann zwei Männer; der eine hatte den andern in eine Zwangsjacke gesteckt, und der also Gefesselte zeigte den Zuschauern, wie er sich daraus befreien konnte.

Wir schauten einige Minuten zu, und ich mußte daran denken, daß viele Verkäufer ebenfalls im Kampf mit einer Zwangsjacke standen, die sich „Krise" nannte. Doch sie wußten nicht, wie sie sich ihrer entledigen konnten. Ich selbst war kürzlich wieder darin gefangen gewesen, und meine Produktion hatte einen neuen Tiefstand erreicht.

Als ich zusah, wie der geschickte Bursche aus der Zwangsjacke schlüpfte, die ihn scheinbar unentrinnbar fesselte, sagte ich mir: *„Bettger, der einzige Weg, der ‚Zwangsjacke' zu entrinnen, besteht darin, den Kunden Vorschläge zu unterbreiten, die mit ihrer aktuellen Situation in Einklang stehen!"*

Später telefonierte ich einem Kunden, dessen Adresse ich einem meiner Freunde, Jack Howard, verdankte. Mein Freund hatte mir gesagt, der Mann habe ein neues Geschäft angefangen und all sein Geld in den Betrieb gesteckt, werde aber bestimmt Erfolg haben. Das Geschäft habe sich gut angelassen, doch stehe alles noch im Anfangsstadium. Über bestehende Versicherungen wußte mein Freund nicht Bescheid, doch er war der Meinung, der Mann sollte für einen Abschluß in Frage kommen. Sein Alter war 38 Jahre.

Ich hatte mehrmals erfolglos versucht, ihn zu treffen. Nun war es mir gelungen, ihn am Telefon zu erreichen. Ich sagte, ich sei befreundet mit Jack Howard und hätte ihm vor drei Wochen einen Brief geschrieben, jedoch keine Gelegenheit gehabt, ihn bisher zu sprechen, da er oft abwesend sei.

Er antwortete: „Herr Bettger, es ist mir einfach unmöglich, überall zugleich zu sein. Ich habe ungeheuer viel Arbeit, dieses Geschäft auf die Beine zu stellen. Ich möchte auch nicht unfreundlich sein gegen Sie, doch es besteht absolut keine Chance, mir eine Versicherung zu verkaufen — auch wenn wir uns treffen würden. Ich habe schon mehr Belastungen, als bei meinem jetzigen Einkommen zu verantworten ist. Ich weiß heute noch nicht, wie ich alle meine Schulden von rund 100 000 Dollar bezahlen soll, und es wäre nichts als Zeitverlust, wenn wir zusammenkämen."

Ich zweifelte nicht an der Aufrichtigkeit seiner Worte, und ich fühlte, daß es vollkommen zwecklos war, weiter auf eine Unterredung zu dringen. So sagte ich: „Herr Raymond, was ich eigentlich mit Ihnen besprechen wollte, ist *Ihr Geschäft*. Ich sehe, daß Sie enorme Anstrengungen unternehmen; Sie arbeiten praktisch Tag und Nacht, nicht wahr?"

„Und dies während sieben Tagen in der Woche!", sagte er.

„Und Sie haben vermutlich viel Geld hineingesteckt", sagte ich.

„Praktisch alles, was ich habe", gab er zu.

„Nun, ich bin davon überzeugt, daß Sie richtig handelten", sagte ich. „Die beste Geldanlage, die ein Mann vornehmen kann, besteht im Aufbau eines eigenen Geschäfts. Leute, die etwas davon verstehen, haben mir gesagt, Ihr Geschäft würde ein großer Erfolg werden — sofern Sie am Leben bleiben. Doch falls Ihnen etwas zustoßen sollte, bevor Ihr Geschäft fest auf den Beinen steht... sind Sie nicht auch der Meinung, das Ganze wäre eine recht gefährliche Sache für Ihre Familie? Sie würden sicher Ihrem Testamentsvollstrecker nicht die Weisung erteilen, das Geld Ihrer Witwe auf solch spekulative Weise anzulegen, oder?"

„Darum versuche ich auch, alle Versicherungen, die ich bereits besitze, weiter zu zahlen."

„Ich nehme an, daß Sie für sich so wenig Lohn wie möglich beziehen?" fragte ich.

„Richtig", sagte er.

Bei jeder Frage, die ich stellte, fürchtete ich, er könnte sich verabschieden, mit der Begründung, er habe keine Zeit für solche Gespräche. Nun aber fühlte ich, daß er wissen wollte, worauf ich eigentlich abzielte.

„Sie haben also alles Geld in Ihre Firma gesteckt. Das Geschäft steht und fällt in den nächsten Jahren mit *Ihnen*. Ihr Tod würde für Ihre Geschäftspartner, für Ihre Mitarbeiter und für Ihre Familie einen enormen Verlust bedeuten. Ihre Frau und Ihre Kinder stünden von einem Tag auf den andern vor dem Nichts. Ich nehme an, daß aus dem Geschäft zur Zeit noch nicht viel herauszuholen ist, und daß Ihre Frau auf längere Zeit nicht mit Dividenden rechnen könnte. Das stimmt doch?"

„Da haben Sie recht", sagte er.

„Eine solche Situation wäre für die Betroffenen außerordentlich schwer. Glauben Sie nicht, Herr Raymond, daß alle Beteiligten das Recht auf einen angemessenen Schutz haben?"

„Ich wußte genau, daß ich für einige Jahre dieses Risiko auf mich nehmen muß", sagte er.

„Aber warum sollten Sie dieses Risiko für einige Jahre — oder auch nur für einige Tage — auf sich nehmen?" fragte ich. „Nehmen wir an, Sie wachten heute nacht auf, und es käme Ihnen in den Sinn, daß die Feuerversicherung, die Sie auf Ihr großes Gebäude abgeschlossen haben, abgelaufen ist. Vermutlich würden Sie nicht mehr ruhig weiterschlafen, und am andern Morgen würden Sie *zuerst* die Sache in Ordnung bringen, nicht wahr?"

„Ich denke ja", sagte er.

„Herr Raymond, von sieben Gebäuden brennt durchschnittlich nur eines. Ist es nicht noch weit wichtiger, daß Sie so rasch wie möglich Ihr Leben versichern und das Risiko auf die Versicherungsgesellschaft abwälzen?"

„Das interessiert mich", sagte er. „Ich will diese Frage mit meinen Gesellschaftern besprechen."

„Machen Sie das nicht", sagte ich, „das ist *meine* Aufgabe. Es könnte peinlich für Sie sein, Ihren Partnern zu sagen, wie wichtig Sie selbst in diesem Geschäft sind, und daß die Gesellschaft Ihr Leben versichern sollte, damit Ihre Familie im Notfall Geld zurückziehen kann. Wenn der Vorschlag von Ihnen kommt, wirkt er egoistisch. Das kann ich besser für Sie tun, doch zuerst möchte ich sicher sein, daß meine Gesellschaft bereit ist, Ihr Leben auf eine hohe Summe zu versichern. Ich möchte Ihnen unseren Arzt senden, damit er Ihre Versicherungsfähigkeit feststellt."

„Gut, ich bin einverstanden", sagte er. „Heute abend bin ich nicht zu sprechen, doch der Arzt kann mich am nächsten Donnerstagmorgen in meinem Büro aufsuchen."

14.

Wie es mir gelang, schnellere und wirksamere Unterstützung durch meinen Arbeitgeber zu gewinnen

Eines der ersten großen Geschäfte, die ich abschließen konnte, bestand in einer Police von 100000 Dollar auf einen Mann, der soeben Präsident seiner Gesellschaft geworden war. Ich hätte nie etwas von ihm erfahren, wenn ich nicht einen andern Kunden nach Adressen gefragt hätte. Dieser erinnerte sich an die soeben erfolgte Beförderung seines Bekannten.

Die 100000 Dollar wurden von der Firma selbst, zu ihrem eigenen Schutz, abgeschlossen, und ich hoffte, den Mann *persönlich* auch noch für 25000 oder 50000 versichern zu können.

Ich rief seine Sekretärin an und erfuhr, daß er mehrere Tage auswärts gewesen sei und am nächsten Morgen wieder zurück erwartet werde. Die Sekretärin sagte, ich könnte ruhig am andern Morgen vorsprechen

Am nächsten Morgen, als ich eben mein Pult verlassen wollte, läutete mein Telefon. Es war R. F. Tull, der Sekretär unserer Gesellschaft. Am Ton seiner Stimme spürte ich, daß irgend etwas nicht stimme.

„Frank, hast du die Hunderttausender-Police schon an Robinson ausgehändigt?"

Vorbeugend war ich versucht, dies zu bejahen, doch irgend etwas hielt mich zurück und ich antwortete wahrheitsgemäß: „Nein, ich wollte sie soeben überbringen."

„Frank, ich bin froh, daß die Police noch nicht abgeliefert ist. Wir haben soeben sehr schlechte Informationen erhalten. Es klingt nicht schön, aber im Interesse der Gesellschaft können wir diesen Mann nicht versichern."

„Warum nicht?" fragte ich, und es war mir miserabel zumute.

„Ich habe kein Recht, diese Information preiszugeben", sagte er, „wir erhielten sie unter dem Siegel strengster Verschwiegenheit, doch wir werden sie sofort genau überprüfen, um herauszufinden, was daran ist."

Ich sagte: „Würden Sie es begrüßen, wenn ich Ihnen die Police zurückgäbe?"

Tull sagte ernst: „Wir würden dies sehr zu schätzen wissen und eine solch loyale Haltung der Gesellschaft gegenüber nicht vergessen." Das hatte ich nicht erwartet. Er nahm mir allen Wind aus den Segeln. Offen gestanden, ich hatte bereits einen Teil meiner Provision bezogen und ausgegeben; ihr Verlust bedeutete für mich einen schweren Schlag.

Dieser Vorfall lehrte mich Verschiedenes, das in Zukunft die Zusammenarbeit mit meiner Gesellschaft sehr erleichterte:

1. Kassiere mit der Bestellung eine Anzahlung! Im vorliegenden Falle wäre es mir ohne weiteres möglich gewesen, einen Check zu erhalten, wenn ich darum gebeten hätte. Damit wäre die Police rechtskräftig geworden, und Herr Tull hätte nicht mehr zurücktreten können.

2. Verschaffe dir jede nur mögliche Information und überprüfe sie genau! Das meiste kann man im Interview mit dem Kunden selber herausfinden. Wenn ich das Geschäft abgeschlossen habe und noch weitere Informationen brauche, sage ich: „Herr Robinson, meine Gesellschaft schätzt es sehr, wenn ich dem Antrag einen Brief beilege, worin einige Informationen enthalten sind. Sie kennen Ihre Situation besser als irgendein anderer. Mein Begleitbrief spart Zeit und macht die üblichen Nachforschungen meist überflüssig."

15.

Der Verkauf vor dem Verkauf

Haben Sie je mit einem Kunden zu tun gehabt, bei dem der Abschluß eines Geschäfts sozusagen auf der Hand lag, der aber den Auftrag lieber einem Bekannten oder irgendeinem andern Vertreter geben wollte?
Haben Sie auch schon mit Kunden verhandelt, die Ihnen große Hoffnungen auf einen Auftrag machten, weil sie Angebote verlangten und von Ihnen auch jede nur mögliche Information erhielten — bis Sie dann plötzlich herausfanden, daß nicht die geringste Chance bestand, eine Bestellung zu erhalten?
Ich möchte damit keinem Käufer einen Vorwurf machen. Wir alle halten uns mehr oder weniger an diese Praxis, und ich hatte sehr oft damit zu kämpfen, bis ich ein kleines Hilfsmittel entdeckte, das mich mit meinen Konkurrenten auf ein und dieselbe Stufe stellte. Dafür ein Beispiel:
Ich meldete mich einst beim Besitzer eines großen elektrotechnischen Konzerns. Ein Empfehlungsbrief sollte die Unterredung erleichtern. Und hier das Gespräch:
Brown: „Ich bedaure sehr, daß Sie ein wenig zu spät kommen, denn ich habe soeben eine Police abgeschlossen, die mir nach Erreichung meines sechzigsten Altersjahres eine Monatsrente von 300 Dollar sichert. Ich will mich zurückziehen, bevor ich zu alt bin, damit ich endlich Zeit finde, das zu tun, was mir Spaß macht."
Ich: „Das ist ein sehr kluger Entschluß, doch ich fürchte, Sie werden dabei etwas bedauern."

Brown: „Das wäre?"

Ich: „Die Rente ist zu klein; sie sollte doppelt so hoch sein."

Brown: „Kommt nicht in Frage. Ich will mir nicht etwas aufladen, das ich nachher nicht durchführen kann. Die Rentenversicherung kostet mich 3000 Dollar jährlich, und ich habe bereits genug andere Versicherungen am Hals."

Ich: „Würde es Ihnen etwas ausmachen, mir zu sagen, bei wem Sie diese Versicherung abgeschlossen haben?"

Brown: „Bei der X-Versicherung."

Ich: „Das ist eine sehr gute Gesellschaft."

Brown: „Ja, ich weiß, daß sie zu den besten gehört. Ich habe bereits einige Policen dort, und einer meiner Freunde ist Vertreter dort."

Ich: „Wurden Sie in Philadelphia geboren, Herr Brown?"

Brown: „Nein, ich wurde in Hartfort geboren."

Ich: „Ach so! Hartfort gehört zu den großen Versicherungsstädten. Dürfte ich Ihr Geburtsdatum erfahren?"

Brown: „17. Mai 1897."

Ich: „Ist Ihnen bewußt, daß sich Ihr Versicherungsalter in den nächsten Tagen von 42 auf 43 verschiebt?"

Brown: „Darum habe ich ja auch abgeschlossen, um noch in den Genuß der niedrigeren Prämie zu gelangen."

Ich: „Wurden Sie bereits vom Arzt untersucht?"

Brown: „Noch nicht."

Ich: „Haben Sie bereits eine Anzahlung gemacht?"

Brown: „Nein, warum?"

Ich: „Würden Sie sich erkenntlich zeigen, wenn ich Ihnen etwas verrate?"

Brown: „Was meinen Sie damit?"

Ich: „Sagten Sie nicht, Sie möchten dieses Geschäft verlassen, bevor Sie zu alt seien, um sich noch an den Dingen zu erfreuen, die Ihnen wirklich Spaß machen?"

Brown: „Richtig."

Ich: „Wenn ich Ihnen zeige, daß Sie Ihre Arbeit *ein Jahr früher* aufgeben können — und dies bei kleineren Kosten — erhalte ich dann den Auftrag?"

Brown (skeptisch): „Wie wollen Sie dies fertigbringen?"

Ich: „Ich bringe es fertig. Sind Sie daran interessiert?"

Brown: „Ja."

Ich: „Abgemacht. Dann wollen wir mit offenen Karten spielen. Haben Sie Ihren Antrag an die X-Versicherung hier?"

Brown: „Natürlich."

Ich: „Dann wollen wir ihn auf den Tisch legen, und Sie werden ganz allein über meinen Vorschlag entscheiden."

Brown zog den Antrag aus der Schublade und legte ihn auf den Tisch.

Ich überblickte ihn kurz und sagte: „Das ist alles, was ich wissen muß, Herr Brown. Ich kann Ihnen genau die gleiche Police verschaffen, nur mit dem Unterschied, daß Sie Ihre Rente von 300 Dollar zwölf Monate früher erhalten!"

Brwon: „Und ich brauche keine höhere Prämie zu bezahlen?"

Ich: „Sie zahlen *weniger!*"

Brown: „Nun, das ist aber seltsam."

Ich: „Das ist nicht so seltsam." Ich zog mein Prämienbuch aus der Tasche. „Da steht alles schwarz auf weiß. Anstatt Ihre Versicherung mit 42 abzuschließen, datieren wir Ihnen Antrag einen Tag *nach* der Verschiebung des Versicherungsalters auf 43 Jahre. Sie zahlen dann nicht 18 Raten während 18 Jahren, sondern 17 Raten in 17 Jahren. Das spart Ihnen erstens Geld — und zweitens beginnt Ihre Rentenzahlung ein volles Jahr früher." Während ich sprach notierte ich die folgenden Zahlen auf ein Blatt Papier.

42 Jahre 18 Zahlungen 60 1/2 300-Dollar-Rente auf Lebzeiten
43 Jahre 17 Zahlungen 59 1/2 300-Dollar-Rente auf Lebzeiten

„Mit andern Worten: Sie können sich ein Jahr *früher* zurückziehen und sich an den Dingen erfreuen, die Ihnen Vergnügen machen. Was halten Sie davon?"

Herr Brown war überrascht. Er sagte: „Das wäre also einer der seltenen Fälle, wo es sich lohnt, eine Versicherung zu einem *späteren* Zeitpunkt abzuschließen, nicht wahr?"

„So ist es", sagte ich lächelnd und zog gleichzeitig ein Antragsformular aus der Mappe. „Wie lautet der Mädchenname Ihrer Frau?" fragte ich...

Nachdem Herr Brown den Antrag unterzeichnet und mir einen Check übergeben hatte, sagte er: „Sie haben gewonnen. Aber eines möchte ich wissen: Warum hat mir der Vertreter der X-Versicherung davon nichts gesagt?"

„Aus denselben Gründen, aus denen ich vor einigen Jahren ein Geschäft verlor. Vermutlich weiß er es gar nicht."

Wirkungsvolle Sätze

„Werden Sie sich erkenntlich zeigen, wenn ich Ihnen etwas verrate?"
(Oder: *„...wenn ich Sie auf etwas Wichtiges aufmerksam mache?"*
Oder: *„...wenn ich Ihnen einen Vorteil biete?"*)
Anmerkung: Der Wendepunkt in diesem Verkaufsgespräch trat ein, nachdem ich diese Frage gestellt hatte.
Ich sichere mir den Auftrag, bevor ich meine Idee preisgebe. Mit andern Worten:

Ich verkaufe etwas, bevor ich den Verkauf abschließe!

16.

Wie ich einen Abschluß verlor, jedoch etwas gewann, das weit mehr wert war als meine Provision

Als ich mich einmal vom Präsidenten einer großen Fabrik verabschiedete, sagte ich: „Herr Jordon, ich nehme an, daß Sie eine ganze Anzahl vielversprechender und tüchtiger junger Leute beschäftigen. Wenn einer davon jetzt hereinkäme, hätten Sie etwas dagegen, mich vorzustellen?"

„Natürlich nicht", sagte er.

Ich zog einige meiner kleinen Empfehlungskarten aus der Tasche und sagte: „Können Sie sich an einige Namen erinnern?"

Er füllte zwei meiner Karten aus und sagte dann: „Gerade im nächsten Brüo sitzt ein tüchtiger Angestellter, der mich kürzlich um Rat wegen einer Versicherung fragte. Ich sagte ihm jedoch, daß ich davon zu wenig verstünde. Möchten Sie mit ihm sprechen?"

„Sehr gerne", sagte ich.

Der Präsident rief seine Sekretärin und bat sie, Herrn Taylor in sein Büro zu bitten.

Herr Jordon stellte mich vor und fragte: „John, haben Sie schon etwas unternommen in bezug auf Ihre Versicherung?"

„Nein, noch nicht, Herr Jordon."

„Herr Bettger ist Versicherungskaufmann. Ich habe soeben mit ihm eine weitere Versicherung abgeschlossen, und ich dachte, Sie würden ihn vielleicht gerne um Rat in Ihrer Angelegenheit fragen."

Der junge Mann stimmte zu, und ich sagte: „Ich bin gerne bereit, Sie zu beraten, Herr Taylor, wenn Sie mich darüber aufklären."

„Nun" sagte er, „vor etwa drei Wochen besuchte mich ein älterer Vertreter. Ich weiß nicht, woher er meine Adresse hatte. Er schlug mir eine Police vor, die er mir als ‚das Richtige für mich' empfahl. Schließlich gab ich mein Einverständnis für eine ärztliche Untersuchung, doch absolut unverbindlich. Er sagte, dadurch könne ich die Police selbst prüfen und mich entscheiden. Der Arzt besuchte mich am andern Morgen, und nach etwa einer Woche wollte mir der Vertreter die Police überbringen, doch ich wollte mir die Sache noch etwas überlegen. Seither ruft er mich fast täglich an, aber ich habe ihm bisher immer wieder gesagt, ich hätte mich noch nicht entscheiden können."

„Haben Sie die Unterlagen hier?" fragte ich.

„Gewiß", sagte er.

„Würden Sie sie einmal holen?" fragte der Präsident.

Als er gegangen war, sagte Herr Jordon: „Wenn Sie ihm die gleiche Versicherung offerieren, wird er vermutlich…"

Herr Jordon konnte nicht ausreden, weil Taylor in diesem Augenblick zurückkam und mir seinen Antrag überreichte. „Sehen Sie, Herr Bettger", sagte er, „ich kenne diesen alten Vertreter überhaupt nicht und weiß auch nichts über seine Gesellschaft."

Die beiden Männer beobachteten mich, während ich die Unterlagen studierte. Ich witterte ein sehr leichtes Geschäft.

Es handelte sich um eine 10 000-Dollar-Versicherung der Mutual Life, zahlbar in 20 Jahren und ausgestellt auf das 26. Altersjahr Herrn Taylors. Sein Versicherungsalter hatte sich inzwischen auf das 27. Jahr verschoben. Während ich die Unterlagen studierte, wurde kein Wort gesprochen. Dann fragte ich:

„Haben Sie Kinder, Herr Taylor?"

„Ja, einen kleinen Jungen, anderthalb Jahre alt."

„Gemäß diesen Angaben haben Sie keine andern Versicherungen. Stimmt das?"

„Ja", gab er zu.

„Auf was warten Sie denn noch?" fragte ich.

„Was meinen Sie damit?", fragte Taylor erstaunt.

„Möchten Sie einen aufrichtigen Rat?"

„Bitte!"

„Auf Grund meiner Kenntnisse im Versicherungswesen rate ich Ihnen, den Vertreter anzurufen und ihn zu bitten, die Versicherung sofort in Kraft treten zu lassen."

Die beiden schienen sehr überrascht zu sein, und Herr Jordon sagte: „Aber, Herr Bettger, ist das nicht eine ziemlich kostspielige Versicherung für einen jungen Mann von 26 Jahren?"

„Herr Jordon", sagte ich, „wenn es überhaupt ein richtiges Alter gibt, um eine Versicherung auf 20 Jahre abzuschließen, dann ist dies mit 26. Ich habe noch nie von jemandem gehört, der es bedauert hätte."

„Wie steht es mit der Gesellschaft?" fragte Herr Taylor.

„Es gibt keine bessere!", sagte ich und fügte bei: „Wußten Sie, daß es sich um die älteste Lebensversicherungsgesellschaft Amerikas handelt?"

„Wirklich?", sagte der Präsident.

„Ich könnte Ihnen nun sagen, ich sei in der Lage, Ihnen *dieselben* Vorteile zu bieten — doch das trifft nicht zu."

„Wieso nicht?", fragte Taylor.

„Weil dieser Vertreter der Mutual Life in der Lage ist, etwas für Sie zu tun, was außer ihm niemand fertig bringt", sagte ich lächelnd, „er kann diese Versicherung von 10 000 Dollar in dieser Minute in Kraft treten lassen. Wenn ich versuchen wollte, das Geschäft zu machen, müßte ich Sie zuerst von unserem Arzt untersuchen lassen. Es ist nicht ausgeschlossen, daß ein anderer Arzt irgendwelche Einwände erheben würde. Und in diesem Fall würde die Mutual Life die Police zurückziehen. Selbst wenn alles in Ordnung wäre, könnte ich Sie nur auf Ihr 27. Jahr versichern — anstatt auf das 26."

Kurz nach diesem Vorfall sagte Clayt Hunsicker, der damalige Präsident der Vereinigung der Versicherungsvertreter: „Frank, ein alter Kollege der Mutual Life, Joe Doakes, erzählte mir gestern, er habe wochenlang auf den Abschluß einer 10 000-Dollar-Police gewartet und bereits alle Hoffnungen aufgegeben, das Geschäft zum Abschluß zu bringen. Da erhielt er eines Tages ein Telefon des Kunden, der ihn bat, sofort vorbeizukommen und einen Check in Empfang zu nehmen — ein anderer Versicherungsmann habe ihm diesen Rat gegeben."

„Frank", sagte Clayt, „das hast du sehr gut gemacht! Joe hat in letzter Zeit schlecht gearbeitet, weil er krank war. Der arme Teufel hatte die Provision dringend nötig. Als er mir die Geschichte erzählte, weinte er vor Rührung und Dankbarkeit über deine Haltung."

Ich gehöre nicht zur Vereinigung der organisierten Versicherungsvertreter, doch ich habe mich stets bemüht, ihren folgenden Grundsatz zu befolgen, und ich bin überzeugt, daß jeder Verkäufer daraus nur Nutzen ziehen kann:

In allen Beziehungen zu meinen Kunden verpflichte ich mich, den folgenden Berufsgrundsatz einzuhalten: Ich werde in jedem Fall und in Kenntnis aller näheren Umstände einem Kunden immer diejenigen Dienste offerieren, die ich an seiner Stelle und unter gleichen Umständen für mich selbst als richtig erachten würde.

17.

Ein bewährter Satz, der mithilft, den Horizont des Zuhörers zu erweitern

Ich wurde eines Tages beauftragt, einen Kohlenhändler zu besuchen. Er empfing mich im Vorzimmer. Zwischen uns befand sich eine hölzerne Barriere, und er machte keine Anstalten, das Gespräch in sein Privatbüro zu verlegen.

Er: „Ich bedaure sehr — aber Sie kommen etwas zu spät. Ich habe vor einigen Tagen mit den Travelers einen Vertrag auf 25000 abgeschlossen."

Ich: „Da kann ich Ihnen nur gratulieren. Sie haben eine ausgezeichnete Gesellschaft gewählt."

Er (freundlicher): „Wirklich?"

Ich: „Es gibt keine bessere... Was für eine Police haben Sie abgeschlossen, Herr E?"

„Er: „Eine Lebensversicherung auf 20 Jahre."

Ich: „Nun, das werden Sie nicht bereuen."

Er (noch zugänglicher): „Sie scheint mir in Ordnung zu sein. Ich zahle 1025 Dollar pro Jahr. Wenn ich sterben sollte, zahlt die Gesellschaft 25000 Dollar. Wenn nicht, erhalte ich in 20 Jahren praktisch jeden einbezahlten Dollar zurück."

Ich: „Sie wundern sich bestimmt, wie das überhaupt möglich ist."

Er: „Gewiß. Ich kann mir nicht vorstellen, was dabei zu verdienen ist."

Ich: „Herr E, würden Sie mir sagen, wieviele Versicherungen Sie bereits besitzen?"'

Er: „Mit der neuen sind es 75000 Dollar... nein, genau 76000."

Ich: „Sie werden aber nie wirklich ruhig sein, bevor Sie bei 100000 angelangt sind."

Er: „Das ist möglich."

Ich: „Wie alt sind Sie, Herr E?"

Er: „Sechsundvierzig."

Ich: „Ich bin in der Lage, Ihre Versicherungen für 412 Dollar auf 100000 zu bringen."

Er: „Wie stellen Sie sich das vor?"

Ich: „Für 412 Dollar kann ich Ihnen eine zusätzliche Versicherung von 25000 Dollar verschaffen."

Er: „Wie?"

Ich: „Könnten wir nicht einen Augenblick allein sprechen?"

Er (öffnet die Barriere): „Bitte, treten Sie ein."

Ich: „Hat Travelers Ihre neuen 25000 schon akzeptiert?"

Er: „Ich nehme an. Der Vertreter rief mich heute morgen telefonisch an und sagte mir, der ärztliche Bericht sein in Ordnung."

Ich: „Sehr gut. Ich verschaffe Ihnen eine Police auf 25000 Dollar bei der Fidelity Mutual auf der Basis eines Fünfjahresplanes. In dieser Zeit können Sie jederzeit ohne neue ärztliche Untersuchung eine Umwandlung in einen Zwanzigjahresplan oder irgendeine andere Lösung, die Ihnen zusagt, vornehmen. Die Entscheidung liegt ganz bei Ihnen." Während ich sprach, entnahm ich meiner Mappe ein Antragsformular und legte es direkt vor Herrn E auf das Pult. Die Stelle, wo er unterschreiben sollte, war mit einem großen Kreuz bezeichnet. Unterdessen machte ich meine Füllfeder bereit, sagte aber kein Wort. Herr E las das Formular bis ans Ende durch, und als er aufblickte, überreichte ich ihm meine Feder, deutete mit dem Zeigefinger auf das Kreuze und sagte: „Gerade hier."

Er unterzeichnete ohne ein Wort zu sagen.

Ich: „Wollen Sie mir einen Check für das ganze Jahr geben —
oder sollen wie die Prämie halbieren?"
Er: „Wie hoch ist die Jahresprämie?"
Ich: „412 Dollar."
Er (als er mir mit einer zufriedenen Miene den Check überreich-
te): „Nie hätte ich mir träumen lassen, daß ich einmal für 100 000
Dollar versichert sein würde!"
Ich blickte vermutlich nicht weniger zufrieden in die Welt als
er, schüttelte seine Hand und sagte: „Wie lange sind Sie noch
auf dem Büro, Herr E?"
Er: „Ich gehe um 12 Uhr 30 zum Essen." (Es war ungefähr 11
Uhr).
Ich: „Sie sehen glänzend aus heute. Kann ich Ihnen unseren Arzt
gegen 12 Uhr senden?"
Er (überrascht): „Muß ich mich nochmals untersuchen lassen?"
Ich: „Jede Gesellschaft hat ihren eigenen Arzt, Herr E, doch
nachdem Sie von der Travelers ohne weiteres angenommen wurden, dürfte es sich nur um eine ganz kurze Untersuchung handeln, dafür werde ich sorgen."
Er: „Nun gut, dann soll er kurz vor 12 Uhr hier sein."
Ich konnte kaum warten, bis ich den Lift und das Gebäude verlassen hatte. Der Vertreter der Travelers hatte zwei Tage Vor-
sprung, und es war mir klar, daß alles möglich war, wenn er
vor mir wieder bei Herrn E vorsprechen würde. Ich rannte um
ein Haar jemanden über den Haufen, als ich zur nächsten Telefonkabine stürmte...
Es gelang mir, sowohl den Arzt als auch meine Gesellschaft zum
raschen Handeln zu bringen. Als ich drei Tage später bei Herrn
E vorsprach, um ihm die Police zu überbringen, sagte er: „Mein
Lieber... Sie haben aber ein Tempo! Sie haben Ihren Kollegen
von der Travelers um eine Nasenlänge geschlagen. Eben hat er
angerufen und mir mitgeteilt, die Police liege bereit. Er kommt
noch heute vormittag vorbei."

Am andern Tag sagte Karl Collings zu mir: „Hast du einen Mann namens E versichert?"

„Ja", sagte ich überrascht. „Warum?"

„Ich habe beim Mittagessen Elisha Oakford von der Travelers getroffen. ‚Karl', sagte er, ‚habt ihr bei euch einen Kerl namens Bettger?' Ich bejahte es, und er fügte bei: ‚Dann sag ihm, ich schieße ihn über den Haufen, sobald ich seiner ansichtig werde!'

„Er erzählte mir", sagte Karl, „er habe Herrn E für 25000 versichert, und nachdem die ärztliche Untersuchung so gut ausgefallen sei, habe er gleich eine zusätzliche Police für 25000 Dollar mitgebracht und gesagt: ‚Herr E, auf Grund des guten ärztlichen Berichtes habe ich mir erlaubt, noch eine weitere Police auf 25000 ausstellen zu lassen. Hier ist sie, Sie können Sie nehmen oder nicht.'

Herr E aber sagte: ‚Es tut mir leid, ein anderer Vertreter hat Sie überrundet. Er scheint schneller zu sein als andere Leute. Er besuchte mich zwei Tage *nach* Ihnen und überbrachte mir seine Police zwei Stunden *vor* Ihnen!' "

Wirkungsvoller Satz

„Sie werden aber nie wirklich ruhig sein, bevor Sie bei 100000 Dollar angelangt sind?"

Emerson sagte: „Der größte Dienst, den jemand einem andern Menschen leisten kann, besteht darin, ihm zu helfen, sich selber zu helfen."

Der größte Dienst, den ein Verkäufer einem Kunden leisten kann, besteht darin, ihm zu helfen, seinen Horizont zu erweitern und ihm neue Gesichtspunkte zu eröffnen.

18.

Wie man Klippen im Verkaufsgespräch überwindet

Ein guter Freund, der zu den besten Versicherungsvertretern Philadelphias gehört, telefonierte mir kürzlich und erzählte mir, seine Gesellschaft habe ihm einen Abschluß auf 100 000 Dollar für einen seiner Kunden zurückgewiesen und wolle den Mann nur gegen eine erhöhte Prämie versichern. Er sagte: „Frank, ich habe gehört, daß du im Rufe stehst, ein Spezialist für Policen mit Sonderprämien zu sein. Würdest du so freundlich sein, mich zu begleiten, wenn ich meinem Kunden begreiflich machen muß, daß wir seine Police nur mit einer *erhöhten Prämie* akzeptieren können?"

„Du schmeichelst mir, Joe", sagte ich, „es ist mir nicht bewußt, in dieser Richtung besondere Orden verdient zu haben, doch wenn ich dir behilflich sein kann, bin ich gerne dazu bereit."

Joe traf eine Verabredung mit dem Kunden und wir besuchten ihn gemeinsam. Er stellte mich vor, und der Kunde wartete auf meine Erklärungen, doch ich wartete auf die seinen. Bald legte er los.

Er war ein korpulenter, athletisch gebauter Mann, und es war offenkundig, daß die Spezialbedingungen der Gesellschaft ihn beleidigt hatten. Er sagte, er habe nie Schwierigkeiten gehabt, Versicherungen zu normalen Bedingungen abzuschließen, und er würde ganz einfach auch diese Police bei der Gesellschaft abschließen, bei der er bereits versichert war. Er sei überzeugt, daß man ihm dort keine Schwierigkeiten machen werde.

Ich hörte ihm aufmerksam zu und sagte dann: „Herr Doe, Sie sind ein erfolgreicher Geschäftsmann. Ich nehme an, daß Sie auch schon Gelegenheit hatten, bei einer Bank Geld aufzunehmen. Nehmen wir an, dies sei heute der Fall. Sie suchen Ihren Bankier auf und stellen ein Kreditgesuch. Der Bankier sagt: ‚Herr Doe, auf Grund der uns eingereichten Unterlagen haben wir festgestellt, daß sich die Situation Ihres Unternehmens verändert hat. Trotzdem sind wir bereit, Ihrem Gesuch zu entsprechen, müssen aber einen Zins von $4\frac{3}{4}$ % verlangen. Sobald Ihr Konto wieder ausgeglichen ist, werden wir selbstverständlich den Zinssatz wieder reduzieren. Sind Sie damit einverstanden, Herr Doe?‘ Würden Sie diesen Vorschlag der Bank zurückweisen, Herr Doe?" fragte ich.

„Ja, wenn ich der Überzeugung wäre, diese Bedingungen entsprächen nicht unserer geschäftlichen Situation. Ich würde sofort eine andere Bank aufsuchen, wo ich bessere Bedingungen erhalten könnte."

„Einverstanden", sagte ich, „dann wollen wir uns jetzt mit den Tatsachen befassen." Ich überreichte ihm unsere vorgedruckten Tabellen, aus denen die Prämienansätze aller führenden Gesellschaften ersichtlich sind. Herr Doe hatte ein Übergewicht von 41 Pfund. Die Sterbeziffer bei seinem Gewicht und Alter lag 45 Prozent über dem Durchschnitt.

Er studierte die Tabellen und sagte dann: „Es ist mir ohne weiteres möglich, mein Gewicht in drei oder vier Monaten auf das Normale zurückzuschrauben, und ich werde das auch tun."

„Gut!", sagte ich, „doch in der Zwischenzeit wollen wir diese Versicherung sofort in Kraft treten lassen. Sie allein entscheiden dann über die Höhe der Prämie. Wenn Sie wieder das Normalgewicht erreicht haben, werden Sie erstens die Prämie reduzieren und zweitens Ihr Leben verlängern. Wenn es Ihnen nicht gelingt oder wenn irgendwelche andere Umstände eintreten, verfügen Sie über eine gute Versicherung, deren Prämie nicht mehr erhöht werden kann."

„Kommt nicht in Frage", sagte er, „ich will einfach keine Versicherung mit Spezialprämie. Ich werde mein Gewicht herunterbringen und dann eine Versicherung zur Standardprämie abschließen."

„Herr Doe", sagte ich, „es ist unsere Aufgabe, Sie bei einer zweckmäßigen Entscheidung zu beraten. Nehmen wir einmal an, Sie hätten soeben ein neues Fabrikgebäude errichtet und die Feuerinspektion würde einige Spezialgefahren entdecken und eine erhöhte Versicherungsprämie fordern. Würden Sie auf die Versicherung verzichten und zuerst diese erhöhten Feuergefahren beseitigen?"

„Wenn ich einmal eine erhöhte Prämie bezahlt habe, wird man sie später nicht mehr ermäßigen", antwortete er.

„Bleiben wir bei den Tatsachen", sagte ich. „Die heutigen Statistiken beweisen, daß in den zehn Jahren nach Versicherungsabschluß zu erhöhten Prämien drei Dinge passieren: Bei vier Versicherten wird die Prämie geändert, fünf werden versicherungsunfähig und einer stirbt. Die Gesellschaften sind immer gerne bereit, eine Prämie zu ermäßigen, denn es ist ja nicht ihr Geld, das sie einnehmen... sie sind nur Treuhänder ihrer Kundengelder. Die Ermäßigung der Prämie liegt einzig und allein bei Ihnen."

„Dann lassen Sie mir die Police einige Tage hier, und ich werde Sie wissen lassen, was ich zu tun gedenke." Er griff nach der Police und blickte nochmals auf die Prämie.

„Herr Doe", sagte ich in ernstem Ton, „wir sind in der Lage, jetzt etwas vorzukehren, was außer uns kein Mensch für Sie tun kann."

„Was ist das?" fragte er neugierig.

„Wir können Ihr Leben augenblicklich für 100 000 Dollar versichern! Warum geben Sie uns nicht einen Check und lassen die Versicherung sofort in Kraft treten?"

„Die Prämie ist zu hoch", sagte er, „das ist einfach überzahlt." Ich machte eine kleine Pause und sagte dann: „Gibt es außerdem noch einen andern Grund, der Sie davor zurückhält, die Versicherung abzuschließen und uns einen Check zu geben?"

„Nein", sagte er, „die Prämie ist einfach zu hoch. So viel zahle ich nicht."

„Herr Doe, wenn Sie mein eigener Bruder wären, würde ich Ihnen nun etwas sagen..."

„Das wäre?" fragte er.

„Diese Extraprämie wird eine Ihrer besten Kapitalanlagen sein, denn Sie werden Ihr Gewicht reduzieren und dadurch auch Ihrem Herzen die Arbeit erleichtern. Stellen Sie Ihren Check jetzt aus und bringen wir die Sache in Ordnung."

Herr Doe öffnete die Police und begann darin zu lesen. Es herrschte absolute Stille. Ich gab Joe einen Blick, doch wir sagten kein Wort. Schließlich öffnete er eine Schublade, entnahm ihr ein großes Checkbuch, legte es auf sein Pult und fragte: „Auf wen muß ich den Check ausstellen?"

Als er Joe den Check übergab, standen wir beide auf und dankten ihm für sein Vertrauen. Dann sagte ich: „Herr Doe, darf ich noch einen weiteren Vorschlag machen?"

Freundlich sagte er: „Bitte!"

„Suchen Sie Ihren eigenen Arzt auf und sagen Sie ihm, was vorgefallen ist. Befolgen Sie bei Ihrer Abmagerungskur seine Ratschläge. Ich habe erfahren, daß die Versicherungsgesellschaften dies sehr schätzen. Joe wird Sie später wieder besuchen, damit die Prämie gesenkt werden kann."

Als wir zusammen Joes Wagen bestiegen, sagte er: „Also so machst du das!" — „Was meinst du damit?" fragte ich. — Joe sagte: „Ich war bereits überzeugt, das Geschäft sei so gut wie sicher verloren, als Herr Doe sagte: ‚Die Prämie ist einfach zu hoch. Soviel zahle ich nicht!' Ehrlich gesagt, ich war fest davon überzeugt, daß wir unverrichteter Dinge wieder abziehen müßten. Ich hätte es jedenfalls getan, wenn ich allein gewesen wäre!"

„Joe", sagte ich, „deine Verkaufszahlen beweisen, daß dir niemand erzählen mußt, *wie* man verkauft, aber ich habe immer und immer wieder erlebt, daß man aus den Worten eines Mannes nie feststellen kann, wie nahe er in Tat und Wahrheit dem Kaufentschluß ist."

Weil sehr viele meiner Kunden das durchschnittliche Versicherungsalter bereits überschritten hatten, mußte ich mich relativ oft mit erhöhten Prämien befassen. Ich habe erfahren, daß es in solchen Fällen am besten ist, wenn man das Problem möglichst offen und aufrichtig anpackt. Je besser meine Informationen sind, um so eher kann ich den Kunden mit dem Gedanken vertraut machen, daß er vermutlich nur zu einer Spezialprämie versichert werden kann. Wenn ich dann die Police abliefern muß, habe ich viel weniger Schwierigkeiten.

Im Falle von Herrn Doe hatte mein Kollege bereits ausgezeichnete Vorarbeit geleistet. Das Bedürfnis nach einer Versicherung war klar, doch auf Grund des athletischen Körperbaues des Mannes hatte Joe sein etwas hohes Gewicht mißdeutet.

Joe gab zu, daß er es immer mit der Angst zu tun bekomme, wenn eine Police nicht zu normalen Bedingungen angenommen werde. Ich erklärte ihm, daß die wissenschaftlich begründeten Spezialprämien durchaus tragbar und vertretbar seien. Auf Grund der von mir abgeschlossenen Versicherungen wurden bis heute 3 1/2 Millionen Dollar ausbezahlt. Nie aber habe ich es erlebt, daß eine Witwe oder ein Invalider sich über die Prämie aufgehalten hätte, die für eine Versicherung bezahlt wurde. In jedem einzelnen Fall wurde das Geld dringend benötigt. Ob ich eine Police zu normalen oder speziellen Konditionen abliefere, immer bin ich fest davon überzeugt, daß sie dem Versicherten nur nützlich sein wird.

Es war eine gute Idee, als ich eines Tages ein Dossier mit der Aufschrift „Spezialprämien" anlegte. Immer, wenn ich eine gute Idee hatte, notierte ich sie und legte die Notiz in das Dossier. Kam ich dann wieder in die Lage, eine Police mit Spezialbedingungen abzuliefern, zog ich mein Dossier zu Rate und notierte mit die zutreffendsten Argumente für den betreffenden Fall. Außerdem können gerade Versicherte mit erhöhten Prämien als Beispiel dafür angeführt werden, wie wichtig es ist, daß man sich bereits in jungen Jahren ausreichend zu normalen Standardprämien versichern läßt.

Wirkungsvoller Satz

„...auf Grund der uns eingereichten Unterlagen haben wir festgestellt, daß sich die Situation Ihres Unternehmens verändert hat. Trotzdem sind wir bereit, Ihrem Gesuch zu entsprechen, müssen aber einen Zins von 4 3/4 Prozent verlangen. Sobald Ihr Konto wieder ausgeglichen ist, werden wir selbstverständlich den Zinssatz wieder reduzieren. Würden Sie einen solchen Vorschlag Ihrer Bank zurückweisen, Herr Doe?"
„Einverstanden, dann wollen wir uns jetzt mit den Tatsachen befassen." (Statistiken beiziehen.)
„Sie allein entscheiden über die Höhe der Prämie!"
„Herr Doe, es ist unsere Aufgabe, Sie bei einer zweckmäßigen Entscheidung zu beraten."
„Herr Doe, wenn Sie mein eigener Bruder wären, müßte ich Ihnen jetzt etwas sagen..."
Dieser Satz hat eine stark vertrauenserweckende Wirkung, wenn er wirklich aufrichtig gemeint ist. Wenn nicht, wird er das Geschäft nur verderben!

19.

Wie ich vorgehe, wenn einer oder mehrere Mitbeteiligte gegen den Kauf sind

Eines Tages wurde ich zu Herrn Charles R. Wolf geschickt, dem Präsidenten einer alten und gut eingeführten Firma. Herr Wolf war siebzig Jahre alt; seine Partner zählten 66, 64 und 48 Jahre; alle waren in der Firma aktiv tätig.

Es gelang mir, alle vier zu einer Besprechung zu vereinen. Ich spürte bald, daß sie sich irgendwo mit dem Gedanken an Lebensversicherungen befaßt hatten, die Idee aber wegen der allzu hohen Kosten in ihrem Alter abgelehnt hatten.

Ich sagte: „Wieso zu hoch? Wir wollen doch einmal genau feststellen, was es Sie kosten würde. Lassen Sie die Versicherung eine Offerte ausarbeiten. Das kostet Sie überhaupt nichts, und Sie können nichts verlieren dadurch."

Der achtundvierzigjährige Partner sagte, er sei seit ziemlich langer Zeit nicht mehr ärztlich untersucht worden.

„Das macht nichts", sagte ich, „Sie werden es bestimmt interessant finden, wie die Ärzte jetzt vorgehen. Die Untersuchung für eine Versicherung geht etwas anders vor sich als eine solche durch Ihren Hausarzt. Wann würde Ihnen der Besuch unseres Arztes zusagen?"

Indem ich den Präsidenten direkt anblickte, fragte ich: „Welche Zeit würde Ihnen am besten passen, Herr Wolf? Vormittag oder Nachmittag?"

„Vormittags", sagte er.

„Gut. Würde es Ihnen morgen um 10 Uhr 30 passen?"

„Einverstanden", sagte der Präsident.

„Und die anderen Herren?" fragte ich, indem ich vom einen zum andern blickte. „Werden Sie morgen ebenfalls anwesend sein?"

Sie sagten zu, ebenfalls im Betriebe anwesend und erreichbar zu sein.

„Sehr gut", sagte ich, „dann kann Sie der Arzt rufen lassen, wenn er mit Herrn Wolf fertig ist."

Offen gestanden, hatte ich nicht die geringste Hoffnung, daß auch nur einer dieser vier Männer vom Arzt nicht beanstandet würde, und selbst im günstigsten Falle wäre die Prämie so hoch geworden, daß die Versicherung daran hätte scheitern müssen. Außerdem hatte mir Herr Wolf gesagt, das Geschäft gehe schlecht und habe Mühe, von den Banken die nötigen Kredite zu erhalten.

Ich war nicht erstaunt, als der Arzt drei von den vier Partnern zurückwies, hingegen würde eine Police für den achtundvierzigjähren F. Allen gemäß meinem Antrag akzeptiert.

Ich rief Herrn Wolf an und traf eine Verabredung. Als ich ihm sagte, es sei nur eine Police bewiligt worden, war er nicht überrascht, doch als ich ihm die Police überreichte und sagte: „Herr Wolf, wollen Sie mir gleich einen Check für die Police auf Herr Allen geben?", sagte er entschieden: „Nein. Wir hätten eine Versicherung abgeschlossen, wenn alle vier Partner einbezogen worden wären. So aber ist der Plan für uns nicht annehmbar."

„Nehmen wir aber an", sagte ich, „Ihr Unternehmen besitzt vier Häuser, und die Versicherung würde für drei davon eine Police ablehnen. Würden Sie deswegen auch auf eine Versicherung für das vierte Haus verzichten?"

„Welchen Sinn soll diese Police für Herrn Allen haben? Er besitzt nur einen Viertel unserer Investitionen", sagte Herr Wolf.

„Ist Herr Allen aber nicht ein sehr bedeutender Partner?" fragte ich.

„Gewiß", sagte er, „wir schätzen ihn sehr."

„Gehört er nicht zu den besten Fachleuten in Ihrer Branche?"

„Es gibt kaum einen besseren."

„Er ist bedeutend jünger als die anderen Herren, und... sagten Sie nicht einmal, er sei sozusagen der ‚Eckstein‘ des Hauses?"

„Ja, das sagte ich", gab er zu.

„Sie sagten ferner, Sie hätten Mühe, den nötigen Bankkredit zu erhalten. Besteht nicht die Gefahr, daß im Falle eines Ablebens von Herrn Allen Ihre Finanzlage noch viel schwieriger würde?"

„Das stimmt alles, aber trotzdem können wir uns im Moment diese Extraausgabe nicht leisten, Herr Bettger!"

„Herr Wolf, diese Versicherung kostet Sie keinen Dollar!"

„Was meinen Sie damit?"

„Geben Sie mir einen Check für die Jahresprämie von 1679 Dollar. Bringen Sie morgen die Police zu Ihrem Bankier und legen Sie das Dokument auf den Tisch des Hauses. Sagen Sie: ‚Wir haben uns diese Angelegenheit lange überlegt. Wir wissen, daß wir ohne Herrn Allen in Schwierigkeiten geraten könnten. Er gehört vermutlich zu den besten Fachleuten der Branche, und wir haben ihn versichert, damit Sie kein Risiko eingehen, wenn Sie uns Kredit geben. Wir möchten diese Police bei Ihnen hinterlegen, so daß Sie gedeckt sind, falls Herrn Allen irgend etwas zustoßen sollte."

Ich fuhr fort: „Diese Police wird Ihnen helfen, einen erhöhten Bankkredit zu erhalten, Herr Wolf. Damit können Sie weit mehr Geld verdienen, als die Versicherung kostet. Und vergessen wir eines nicht: Falls Herrn Allen etwas zustößt, ist Ihr Bankkredit gedeckt. Sie und Ihre Partner können weiterarbeiten oder auch das Geschäft verkaufen und sich zurückziehen. Und das alles kostet Sie keinen Dollar!"

Ich erhielt einen Check für die ganze Jahresprämie.

Als Herr Allen ins Büro gerufen wurde, um ihm die Neuigkeit mitzuteilen, ging ein freudiger Schimmer über sein Gesicht, und ich hatte den Eindruck, er müsse seine Tränen zurückhalten. Die Versicherung auf den Mann in der Schlüsselposition erhöhte den Kredit der Firma, so daß die Kosten gar nicht mehr wichtig waren. Sowohl die Partner als auch die Bank erkannten dadurch erst die wahre Bedeutung ihres jüngsten Partners für das Unternehmen.

Als ich später wieder einmal bei Herrn Wolf vorsprach, empfing er mich wie einen alten Freund. Hier folgt unser Gespräch:

Ich: „Herr Wolf, haben Sie eigentlich eine persönliche Lebensversicherung?"

Wolf (etwas überrascht): „Nun, Sie wissen doch, daß mich niemand mehr versichert."

Ich: „Ich meine lediglich alte Policen, die Sie früher abschlossen."

Wolf: „Ja natürlich, ich besitze einige alte Policen, die ich in jungen Jahren bei Travelers abgeschlossen habe. Sie sind alle voll bezahlt."

Ich: „Könnte ich sie einmal sehen?"

Wolf (etwas beunruhigt): „Ich möchte diese Policen nicht antasten. Meine Frau ist nicht sehr gesund, und sie braucht ständig eine Pflegerin. Wir haben nur eine Tagespflege; die Nachtpflege besorge ich selbst. Wenn ich zuerst sterbe, wird sie das Geld dringend benötigen."

Ich: „Das tut mir sehr leid, Herr Wolf. Dieser Zustand muß Sie sehr belasten. Wie lange ist Ihre Frau schon krank?"

Wolf: „Sie ist seit 13 Jahren bettlägerig... und sie wird nie mehr gehen können. Die Ärzte sagen jedoch, sie werde mich vermutlich überleben."

Aus einigen anderen Fragen ging hervor, daß keine Kinder vorhanden waren, so daß seine Frau also völlig von ihm abhängig war. Sie war zwei Jahre älter als er.

Ich: „Herr Wolf, ich glaube, gute Nachrichten für Sie zu haben. Ich werde Ihnen einen Vorschlag machen, der vielleicht phantastisch erscheint: Sie können aus ihren Versicherungen bei der Travelers sofort eine Rente beziehen bis zu Ihrem Tode... und nachher kann Ihre Frau in den Genuß der Rente kommen, solange sie lebt!"

„Das scheint mir unmöglich, ich dachte, meine Versicherungen würden nur bei meinem Tode ausbezahlt."

Ich: „Dürfte ich die Policen einmal sehen?"

Herr Wolf öffnete das Safe, entnahm ihm die Policen und überreichte sie mir. Es waren drei, ausgestellt in seinen Dreißigerjahren, mit einer Laufzeit von 20 Jahren. Herr Wolf war 70.

„Könnte ich Ihrer Sekretärin einen Brief an die Travelers diktieren?"

Herr Wolf machte ein skeptisches Gesicht, als er seiner Sekretärin rief und sie bat, das Stenogramm aufzunehmen. Mein Brief ersuchte die Gesellschaft um genaue Angaben und Zahlen über die Umwandlung der bestehenden Policen in eine Rentenversicherung für den Versicherten und seine Gattin.

Herr Wolf unterschrieb den Brief, und ich bat ihn, mir die Antwort zu zeigen, bevor er irgend etwas unterschreibe.

Einige Tage später rief er mich an und sagte, er würde es sehr begrüßen, wenn ich ihn bald besuchen könnte.

Die Offerte war außerordentlich günstig. Auf Grund des vorgerückten Alters des Versicherten war die Gesellschaft bereit, sofort eine Jahresrente auszurichten und im Todesfall des einen Ehegatten eine Monatsrente bis zum Hinschiede seines Partners zu zahlen. Die Totalsumme der Rente war höher als der auf das Leben des Versicherten abgeschlossene Betrag!

Herr Wolf war überrascht über die ganze Transaktion. „Nun möchte ich aber eines wissen", sagte er, „erhalten Sie von der Travelers eine Provision für diese Angelegenheit?"

„Natürlich nicht!" sagte ich lachend.

„Was verdienen Sie denn überhaupt beim ganzen Geschäft?"
„Herr Wolf", sagte ich, „die Befriedigung, die es mir verschafft,
Sie in den Genuß der Leistungen zu bringen, die Ihnen zustehen,
ist mir mehr wert als jede Provision."
Herr Wolf lebte noch viele Jahre, und er war immer wieder erfreut über die Umwandlung der Versicherung und die ihm daraus entstandene Rente. Der volle Nutzen seiner Versicherungen
wäre sonst vermutlich jemandem zugute gekommen, den er noch
nie gesehen hatte — denn er überlebte seine Frau wider Erwarten.

Wirkungsvoller Satz

*„Nehmen wir an, Ihr Unternehmen besitzt vier Häuser und die
Versicherung würde für drei davon eine Police ablehnen. Wollen
Sie deswegen auch auf eine Versicherung für das vierte Haus verzich-
ten?"*

20.

Eine meiner besten Abschlußmethoden

Ich erhielt einst die Adresse einer Heizungsfirma, die wir „Smith
& Jones" nennen wollen. Die Firma hatte soeben den Auftrag
erhalten, ein großes, neues Gebäude mit Heizkörpern auszurü-
sten. Die Adresse hatte ich vom Hersteller der Heizungen erhalten. Die Zeit für einen Versuch schien also günstig.

Auf den ersten Blick erkannte ich, daß einer der beiden Partner
nicht versicherungsfähig war. Er war viel zu korpulent und sein
übersetzter Blutdruck offensichtlich. Trotzdem ging ich direkt
auf einen Verkauf los.

Die beiden Herren gaben ihr Einverständnis zu einer ärztlichen
Untersuchung, und der korpulente Partner wurde auch prompt
zurückgewiesen. Anderseits wurden für seinen Partner ausreichende Policen gewährt, die seinen Geldbedarf im Falle eines
Rückzugs vom Arbeitsleben vollauf deckten.

Als ich versuchte, den beiden Partnern die Situation klar zu machen, sagte Herr Smith: „Wir waren interessiert an einer *gemeinsamen* Versicherung. Ich persönlich bin bereits ausreichend versichert, doch ich war einverstanden, etwas zu unternehmen, falls
sie uns *beide* durchbrächten."

Während er sprach, verließ Herr Jones das Büro. Ich zog meinen
Stuhl direkt vor denjenigen Herrn Smiths und sagte mit innerer
Anteilnahme: „Herr Smith, wenn Sie — wie dies kürzlich der
Fall war — einen großen Auftrag erhalten, sind Sie dann bereit,
dem Auftraggeber zu garantieren, daß er mit Ihren Installationen

seine Gebäude auf eine gewisse Minimaltemperatur bringen kann?"

Smith: „Natürlich."

Ich: „Wie funktioniert Ihre Garantie?"

Smith: „Wir haben eine Versicherung dafür. Sie garantiert unserem Auftraggeber, daß sein Haus auf soundsoviel Grad geheizt wird. Ist dies nicht der Fall, wird ein anderer Heizungsingenieur beigezogen, und die Versicherung zahlt die Mehrkosten für die nötigen Änderungen."

Ich: „Die Versicherung steht also für Sie ein."

Smith: „Ja."

Ich: „Hatten Sie je irgendwelche Schwierigkeiten, eine Mindesttemperatur zu erreichen?"

Smith: „Nein, wir berechnen die Heizungen so, daß wir damit viel mehr erreichen können."

Ich: „Gut. Sie haben Frau und Kinder... was geschieht mit ihnen, wenn Ihnen heute nacht etwas zustoßen sollte... bleibt auch Ihr Heim ausreichend geheizt?" (Und indem ich auf meine fertig ausgearbeiteten Unterlagen zeigte, sagte ich): „Im Verhältnis zum Bedürfnis steht die Sicherheit Ihrer Familie nur wenige Grade über dem Gefrierpunkt!"

Herr Smith schloß am selben Tage eine sehr hohe Versicherung ab und gab mir für die Prämie gleich einen Check. Als wir sein Büro verließen, öffnete er die Türe zum Arbeitsraum seines Partners, legte ihm den Arm um die Schulter und sagte, er habe sich für 100 000 Dollar versichern lassen. Erfreut darüber fragte dieser:

„Doch wie willst du alle diese Prämien bezahlen?"

„Indem ich mein Haus auf die richtige Temperatur heize", lautete die Antwort.

Nachdem ich die Wirksamkeit dieser Argumentation erkannte, besuchte ich sämtliche Heizungsfirmen Philadelphias und es gelang mir, eine ganze Anzahl Versicherungen abzuschließen. Später realisierte ich, daß dieselbe Begründung praktisch in jedem Gespräch angewandt werden konnte, denn jedermann will in seinem Heim eine Temperatur wahren, die ihn vor dem „Einfrieren" schützt... und allzuviele haben einen Schutz, der vollkommen ungenügend ist!

Zusammenfassung

III. Teil

1. Das größte Geheimnis erfolgreichen Verkaufs besteht darin, herauszufinden, was der Kunde braucht, und ihm dann beizustehen, es zu bekommen.

2. Es gibt nur einen einzigen Weg, jemanden zu einer bestimmten Handlung zu veranlassen: Wir müssen es so weit bringen, daß er es selber tun *will*.

3. Wenn man einem Menschen wirklich zeigt, *was* er will und braucht, dann wird er alles in Bewegung setzen, um es zu erhalten.

4. Dieser Grundsatz ist so wichtig, daß er über allen Gesetzen der menschlichen Beziehungen steht. Das war immer so und wird immer so sein.

So wurde ich zum besseren Verkäufer (3):

Nach dieser Erkenntnis verkaufte ich mehr als zuvor!

Als ich noch in meinen Anfängen steckte, arbeitete bei unserer Gesellschaft ein Mann namens Floyd Brown. Ich wunderte mich immer, warum er nicht mehr verkaufen konnte, denn er präsentierte gut, sprach gut, hatte viele Freunde und besaß genügend Selbstvertrauen. Immer wieder bewunderte ich ihn, wie er bei unseren Vertreterkonferenzen aufstand und seine Ideen mit einer erstaunlichen Leichtigkeit und ohne die geringste Hemmung formulierte.

Plötzlich wurde er krank und starb innerhalb von vier Tagen. Eine heimtückische Krankheit hatte ihn im Alter von 37 Jahren dahingerafft.

Einige von uns halfen seiner Witwe, die Dinge in Ordnung zu bringen. Die Situation war geradezu tragisch: Floyd Brown besaß lediglich eine Versicherung auf 4000 Dollar, die bis zum letzten Dollar mit Darlehen belastet war.

Einige Monate später starb ein älterer Vertreter unserer Gesellschaft. Er hatte während 30 Jahren Lebensversicherungen verkauft, und seine Produktionszahlen waren recht bedeutend. Trotzdem war er selbst nur für 5000 Dollar versichert.

Ich sprach darüber mit zweien unserer Vertreter. Diese beiden erzielten zusammen einen größeren Umsatz als die restlichen 21 Vertreter! Sie sagten sinngemäß dasselbe: „Ein Verkäufer kann nicht etwas verkaufen, an das er nicht selber glaubt! Wie kann man dem üblichen Einwand ‚Ich kann es mir nicht leisten!‘ begegnen, wenn man selber nicht damit fertig wird?"

Ich sprach auch mit andern guten Vertretern der Berufsorganisation. Ohne Ausnahme erzählte mir jeder mit Begeisterung von seinem eigenen, bedeutenden Versicherungsprogramm.

Ich fragte sie, ob sie ihre Versicherungen nach ihrem Einkommen ausgerichtet hätten. Nein, das hatten sie nicht, sondern sie versicherten sich nach ihrem *Bedarf* und arbeiteten dann intensiv, um die Prämien aufzubringen.

Zu jener Zeit hatte ich einige Mühe, die Prämie für meine Lebensversicherung von 11000 Dollar aufzubringen. Ich füllte ein Antragsformular auf 25000 Dollar aus und unterzeichnete es selbst. Der Betrag schien für meine Verhältnisse phantastisch, und ich zitterte, als ich unterschrieb. Als ich den Antrag bei unserem Kassier, Jim Connor, einreichte, lachte er und war der Ansicht, ich mache Spaß. Und als er feststellte, daß es mir Ernst war, fragte er mich besorgt: „Frank, wie willst du dafür die Prämien aufbringen?"

„Indem ich dafür arbeiten werde!" sagte ich. „Ich muß einfach in der Woche 1000 Dollar *mehr* umsetzen."

„Nun, in diesem Fall", sagte Jim, „scheint es mir eine gute Idee zu sein, doch du mußt den Antrag der Direktion unterbreiten, denn dein gegenwärtiges Einkommen rechtfertigt eine solche Versicherungssumme nicht!"

Meine Begeisterung überzeugte die Direktion, und ich begann, meine Prämien monatlich zu zahlen. Man sagte mir, meine Zahlungen würden genau überwacht, denn man befürchtete, die Sache könnte mich reuen.

...Nun, noch immer besitze ich diese Police auf 25000 Dollar, und im selben Jahr gelang es mir, vom 92. Rang als Vertreter an die 13. Stelle zu gelangen. Und wieder ein Jahr später wurde ich bei der Jahresversammlung auf die Bühne gerufen, um dort dem „Club der Fünfzehn" beizutreten (gemeint sind die fünfzehn besten Verkäufer der Gesellschaft) und die dafür ausgesetzte Gratifikation in Empfang zu nehmen.

Ich hatte nie an meinem Erfolg gezweifelt, denn ich wußte, daß diese 25000 Dollar für mich und meine Familie so etwas wie eine „Unabhängigkeitserklärung" bedeuteten. Damit hatte ich mich gezwungen, mich selbst zu organisieren. Ich mußte mein

Ziel einfach erreichen, und dieser Entschluß hat mich an die Spitze unserer Gesellschaft gebracht und mich auch innerlich gefördert.

Der gefährlichste Kundeneinwand „Ich kann es mir nicht leisten" verlor für mich seinen Schrecken. Anstatt aufzugeben, wurde ich in die Lage versetzt, meinen Kunden offen ins Gesicht zu sehen und ihnen vertrauensvoll raten zu können. Dadurch gelang es mir, den Kunden neue Gesichtspunkte zu eröffnen und ihnen Selbstvertrauen und Mut zu geben, ein bestimmtes Ziel ins Auge zu fassen.

Ich wußte, was ich damit erreicht hatte, und ich wußte, daß auch andere es erreichen konnten.

Ich erzielte Verkaufserfolge wie nie zuvor!

Die beste
Abschlußtechnik
der Welt

21.

Wie ich lernte, Verkäufe zum Abschluß zu bringen

In New York besuchte ich meinen alten Freund Richard Powell, der zu den besten Verkäufern der Manufacturers Lebensversicherungsgesellschaft gehört. Dick stellte mir einen vielversprechenden jungen Mann vor, der zur Zeit unter seiner Anleitung geschult wurde.

Dick sagte zu ihm im Laufe des Gesprächs: „Als mein Chef mir vor Jahren alles beigebracht hatte, was er über das Versicherungsgeschäft wußte, schlug er vor, ich solle einmal mit Frank Bettger, dem „Versicherungs-Millionär" (Vertreter, die pro Jahr über eine Million Versicherungen abschließen) einige meiner Kunden besuchen und ihn bei der Arbeit beobachten.

Ich war überrascht, wie schnell Frank das Vertrauen der Kunden gewann und wie viel Zeit er dazu verwendete, sich mit dem Kunden über alle möglichen Dinge zu unterhalten."

Zu mir gewandt, sagte Dick: „Frank, ich wunderte mich oft, wie lange du noch Geschichten erzählen und wann du endlich ein Verkaufsgespräch beginnen würdest. Doch später erkannte ich, daß in dieser Zeit der Verkauf systematisch vorbereitet wurde — nur merkte ich es nicht!"

Ich lachte und sagte: „Dick, es freut mich, daß du darauf zu sprechen kommst. Vor Jahren, als ich mit Clayton Hunsicker arbeitete, wunderte ich mich genau über denselben Umstand. Immer wieder dachte ich: ‚Wann wird er endlich aufhören, Geschichten zu erzählen, und anfangen zu verkaufen?' Ich sprach eines Tages mit Clayt darüber, und er sagte:

███████ „*Frank, die beste Abschlußtechnik der Welt besteht im Geschichtenerzählen!*"

Wir sprachen dann nicht weiter über das Thema, denn ich wußte, daß Dick fähig genug war, seinem jungen Schützling die Dinge klar zu machen.

Einige Tage später erhielt ich von Dick einen Brief. Die letzten Zeilen davon lauteten:

„Deine Methode war eine wahre Entdeckung für mich. Nie spürte man die geringste Spannung oder einen Druck auf den Kunden. Ich habe sofort damit angefangen, meine Verkaufsgespräche auf dieser Grundlage aufzubauen, und die Methode hat sich sehr gut bezahlt gemacht. Du hast mir damit den allerbesten Tip gegeben, der sich denken läßt. Ich werde dir dafür immer dankbar sein."

Die Wirksamkeit dieser Methode ist in meiner Karriere so bedeutungsvoll, daß ich ihr diesen Teil des Buches widmen möchte. Das Buch enthält eine ganze Reihe von „Geschichten", die ich hundertemal erzählt habe, weil ich herausfand, daß sie direkt eine magische Wirkung auf den Kunden ausüben. Diese Geschichten sind nicht erfunden. Jede einzelne davon ist erlebt und entspringt einer realen Erfahrung. Sie können ohne weiteres davon Gebrauch machen.

Ich halte nichts von jenen Geschichten oder Witzen, die manche Verkäufer erzählen, nur um den Kunden zu unterhalten. Ich verurteile zwar diese Methode nicht, und ich kenne einige sehr gute Verkäufer, die eine besondere Gabe haben, damit Terrain zu gewinnen, doch diese Verkäufer wissen auch, daß damit noch nichts erreicht ist. Sie trachten danach, zu jenen Geschichten überzugehen, die einen wahren Hintergrund haben und die mithelfen, den Wert ihres Produktes erkennbar zu machen und es zu verkaufen; Geschichten, die darlegen, wie jemand besser leben, mehr verdienen, produktiver arbeiten, besser werben und mehr Sicherheit gewinnen kann.

Ich leitete kürzlich in Kansas City einen Verkaufskurs. Ein mutlos gewordener Verkäufer suchte mich abends auf und sagte: „Herr Bettger, die Leute wollen mir aber nicht zuhören!"

„Erzählen Sie mir Ihre Geschichte", sagte ich.

Ich hörte ihm zu und merkte schnell, daß er gar keine Geschichte erzählte, sondern einfach über sein Produkt sprach.

Ich sagte: „Joe, deine Geschichte interessiert mich nicht, ich habe meine eigenen Probleme. Wenn du weißt, wie ich eines davon lösen kann... dann sage es mir, und es wird mich interessieren."

Kurz nachdem ich wieder nach Hause zurückgekehrt war, erhielt ich von Joe einen begeisterten Brief. Sein Verkaufsleiter hatte ihm einige Musterbeispiele von „Geschichten" mitgegeben, die tatsächlichen Erfahrungen entsprachen und zeigten, wie bedeutende Firmen des Landes sein Produkt erfolgreich anwandten und dadurch viel Geld und Arbeitskraft einsparten. Kurz: es handelte sich um wörtliche Zeugnisse von zufriedenen Kunden. Joe sagte: „Ihre ‚Wirksamen Sätze' haben tatsächlich eine magische Wirkung. Ich sagte: ‚Interessiert Sie eine Idee, die Ihnen Tausende von Dollars einbringen kann?' Die Antwort lautete: ‚Natürlich!' Hierauf ich: ‚Sehr schön. Ich kann es Ihnen am besten darlegen, wenn ich Ihnen eine Geschichte erzähle...'

Wenn ich so beginne, habe ich das Interesse des Kunden gewonnen. Anstatt daran zu denken, wie er mich möglichst rasch wieder loswerden könnte, hörte er mir aufmerksam zu."

22.

Eine wirksame, überzeugende Geschichte

An einem heißen Augustmorgen, als ich eben mein Büro verlassen wollte, läutete das Telefon. Die Nachricht, die ich erhielt, warf meinen ganzen Tagesplan über den Haufen. Unser Kassier sagte: „Wir haben zwei Checks für Ihren Kunden John Scott bereit, wollen Sie sie selber abliefern, oder sollen wir sie per Post zustellen?"

„Wofür sind die Checks?" fragte ich.

„Die erste Rate seiner Rentenversicherung ist fällig", sagte er.

„Selbstverständlich werde ich sie selber abliefern; ich komme sie gleich holen!"

Es schien mir fast unmöglich, daß schon sieben Jahre verstrichen waren, seit ich John Scott besucht hatte. Unser ganzes Gespräch von damals ging mir durch den Kopf, als ich mich anmeldete, war es doch für meine ganze Laufbahn von großer Bedeutung gewesen.

Ich war sehr enttäuscht, als mir die Sekretärin sagte, Herr Scott sei in Ocean City und würde erst in einem Monat zurückkehren. Sie gab mir seine Adresse.

Zwei Stunden später fuhr ich vor dem Ferienhaus John Scotts in Ocean City vor. Ich wurde von Frau Scott empfangen, die ich bereits kannte. „Treten Sie ein, Herr Bettger", sagte sie, mein Mann nimmt soeben sein Sonnenbad auf der Dachterrasse."

Herr Scott lag in einem Liegestuhl und genoß den Blick auf die

See. Er war ein herrlicher Tag; kein Wölkchen am Himmel. Scott schien sich über mein Kommen zu freuen.

Scott: „Wie geht es, Herr Bettger? Was führt Sie zu mir?"

Ich: „Ich komme eigens von Philadelphia, um Ihnen gute Nachrichten zu überbringen."

Scott: „Das wäre?"

Ich (indem ich ihm einen Check auf 416 Dollar übergab): „Ich hätte Ihnen den Check auch per Post senden können, aber ich wollte mir das Vergnügen nicht entgehen lassen, Ihnen Ihre erste Monatsrente persönlich zu überbringen. Außerdem möchte ich Ihnen genau dasselbe sagen, wie damals, als wir vor sieben Jahren die Police abgeschlossen haben!"

Scott: „Was meinen Sie damit?"

Ich: „Die Rente ist zu klein, sie sollte doppelt so hoch sein!"

Scott: „Nun, Herr Bettger, ich hätte sie damals ebensogut doppelt so hoch ansetzen können, und ich bedaure, es nicht getan zu haben, weil ich in den letzten Jahren geschäftlich etwas Pech hatte. In Tat und Wahrheit (er blickte um sich, ob seine Frau ihn nicht hören könne) bedeutet mir diese Rente heute einen wahren Notpfennig."

Ich: „Dann bin ich froh, daß Sie darüber verfügen können, Herr Scott. Am 3. des nächsten Monats wird Ihnen der Postbote den zweiten Check auf 416 Dollar überbringen und so fort, solange Sie leben. Dies bedeutet für Sie immerhin eine gewisse Sicherheit."

Scott: „Gewiß."

Ich: „Das ist vermutlich der Grund, warum Leute, die über eine Altersrente verfügen, das Durchschnittsalter wesentlich übersteigen. Und nun, Herr Scott, habe ich noch eine andere Überraschung für Sie." Ich übergab ihm einen weiteren Check.

Scott: „Was ist das?"

Ich: „Das ist Ihre Gewinnbeteiligung von 1222 Dollar."

135

Scott: „Ich verstehe Sie nicht ganz, bekomme ich diesen Betrag zusätzlich?"

Ich: „So ist es."

Scott: „Das ist ja wunderbar! In einer Zeit, da so viele Leute ihre Versprechen nicht halten, ist es um so erfreulicher, daß Ihre Gesellschaft sogar mehr zahlt, als sie garantiert hat. Außerdem habe ich das Geld erst an meinem 70. Geburtstag erwartet, am 24. Dezember."

Ich: „Herr Scott, Ihre Police lautet: ‚Am 3. August zahlt die Gesellschaft an John Scott etc.' Dieses Datum ist genau 7 Jahre nach dem Abschluß Ihrer Police."

Was man am wenigsten erwartet, trifft am ehesten ein!

John Scott lebte noch sechs Jahre und erhielt jeden Monat seine Rente. Während dieser Zeit verlor er durch unglückliche Umstände sein ganzes Vermögen, und es blieb ihm nur sein Haus. Mit andern Worten: Er war vollständig von seiner Rente abhängig.

Er wurde krank, und ich besuchte ihn ein- oder zweimal in seinem Heim. Eines Abends rief mich einer seiner Söhne an und sagte: „Vater ist sehr krank, und meine Mutter bat mich, Sie anzurufen. Sie meint, Sie seien der einzige Mensch, der Vater veranlassen könne, seine Rente auf sie zu übertragen. Es ist das Einzige, was Vater noch besitzt."

Am andern Morgen besuchte ich John Scott. Man erlaubte mir lediglich, fünf Minuten mit ihm zu sprechen. Er hatte sich so sehr verändert, daß ich ihn kaum mehr erkannte. Nach einigen freundlichen Worten entwickelte sich das folgende Gespräch:

Ich: „Herr Scott, vor einigen Jahren, als Sie Ihre Rente abschlossen, bezeichneten Sie eine religiöse Gemeinschaft als Nutznießerin. Zu jener Zeit gingen Ihre Geschäfte ausgezeichnet, doch seither hatten wir eine Krise, und manches hat sich geändert. Ich hoffe, daß Sie wieder gesund werden und sich alles wieder regelt. Wenn Ja, können Sie immer wieder diese religiöse Gemeinschaft als Nutznießerin einsetzen, doch in der Zwischenzeit, falls Ihnen irgend etwas zustoßen würde, sollten Sie Ihre Frau und Ihre Tochter Mary als Nutznießerinnen bezeichnen."

Scott: „Nun, Herr Bettger, Sie erinnern sich, daß ich diese Versicherung eigens abgeschlossen habe, um diese religiöse Gemeinschaft zu festigen."

Ich: „Ich weiß es, Herr Scott, doch heute brauchen Ihre Frau und Ihre Tochter diesen Schutz!"

Mit großer Mühe erhob sich der Kranke und mit zitternder Hand unterschrieb er die Verfügung, welche seine Frau begünstigte.

60 Tage später starb John Scott. Wir einigten uns mit der 66-jährigen Witwe auf eine monatliche Rente. Zwei Jahre später starb sie ebenfalls, und Mary bekam nun eine abgeänderte Monatsrente, die sie bis zu ihrem Lebensende erhalten wird.

Seit ich John Scott zum erstenmal traf, habe ich 5 seiner Söhne versichert, 35 seiner Angestellten, einen Neffen, einen Teilhaber, seinen Arzt, seinen Anwalt — total 53 verschiedene Menschen im Betrage von 781000 Dollar. Die Prämien beliefen sich auf 34699 Dollar jährlich.

So wichtig dies alles auch sein mag, bedeutet mir doch allein die Geschichte über John Scott ein Kapital, das nie verloren gehen kann.

23.

Die Felix-Isman-Geschichte

Vor vielen Jahren lebte in Philadelphia ein berühmter Liegenschaftenhändler namens Felix Isman.

Eines Tages investierte er 100000 Dollar in eine Jahresrente. Gleichzeitig sagte er zu mir: „Ich glaube nicht, je einen finanziellen Zusammenbruch zu erleben, doch ich kenne viele Menschen, die alles verloren haben und die ebenso fähig sind wie ich, so daß ich etwas mißtrauisch geworden bin. Sollte mir etwas passieren, habe ich doch mindestens eine sichere Rente, die mir nicht einmal meine Gläubiger nehmen können."

Einige Jahre später machte Felix Isman Konkurs. Seine Gläubiger legten Hand auf seinen ganzen Besitz — mit Ausnahme seiner Rente, ja sie versuchten sogar, auch diese anzugreifen, doch gemäß amerikanischem Gesetz ist dies nicht möglich.

Während seines ganzen Lebens hatte Felix Isman den Wunsch gehabt, zu schreiben. Er glaubte, die Fähigkeit dazu zu besitzen, falls er nur die nötige Zeit finden könnte. Jetzt war die Gelegenheit dazu da! Anstatt es wieder mit dem Liegenschaftshandel zu versuchen, zog er nach New York und realisierte seinen alten Wunsch. Er konnte mit seiner Frau eine kleine Wohnung einrichten und mit der Jahresrente von 5700 Dollar anständig leben. Er verfügte nur über eine bescheidene Bildung, und seine Freunde fanden es lächerlich, daß er sich als Schriftsteller betätigen wollte. Felix Isman besaß jedoch eine besondere Gabe, lebendig und farbig zu schreiben. Seine Geschichten wurden abgedruckt, und die „Saturday Evening Post" sandte ihn nach Florida mit einem Spezialauftrag. Es handelte sich um eine Reportage über die damalige außerordentliche Situation auf dem Liegenschaftenmarkt. Isman geriet darüber in solche Begeisterung, daß er nach New York zurückflog und versuchte, die Rente von der Versicherung zurückzukaufen, um sich selbst an den Liegenschaftenspekulationen beteiligen zu können.

Man sagte ihm, dies sei ungesetzlich und unmöglich.

Er offerierte eine Lösung, die ihn in den Genuß der Hälfte des Kapitals gebracht hätte, doch die Versicherung wies auch diesen Vorschlag zurück. Er versuchte es mit einem New Yorker Anwalt, jedoch ohne Erfolg.

Bitter enttäuscht kehrte er nach Florida zurück. Die Gelegenheit, wieder ein Vermögen zu gewinnen, schien verpaßt.

Einige Wochen später brach der ganze Boom zusammen!

...Felix Isman erzählte später, daß er Gott dafür gedankt habe, ihn vor dem finanziellen Selbstmord bewahrt zu haben.

Ich benütze diese Geschichte meist für den Abschluß schwieriger Geschäfte. Ich habe sie hunderte Male erzählt, doch sie begeistert mich immer von neuem wegen ihres menschlichen Gehalts.

Wenn das Verkaufsgespräch ein entscheidendes Stadium erreicht hat, kann ihm diese Geschichte eine positive Wendung geben.

Alles, was jetzt noch fehlt, ist eine Füllfeder für die Unterschrift.

24.

Diese Geschichte hilft mir, zusammen mit dem Antrag einen Check zu erhalten

Die Rapporte erfolgreicher Versicherungsvertreter beweisen, daß die meisten von ihnen gleich mit dem Antrag gewisse finanzielle Abmachungen verbinden. Ich habe mich über diese Frage mit mehreren „Versicherungs-Millionären" unterhalten und sie haben mir bestätigt, daß der Zeitpunkt der Unterzeichnung für die Zahlung der ersten Prämie äußerst günstig ist. Dadurch wird dem Kunden der Wert der Versicherung bewußter und auch wenn er nur eine kleine Anzahlung gemacht hat, fühlt er sich bereits als Besitzer. Handelt es sich um eine Versicherung, so erzählt er meistens seiner Frau oder irgend jemandem, daß er eben eine Lebensversicherung abgeschlossen habe. Auf jeden Fall vermeidet eine Anzahlung spätere Unsicherheiten und Diskussionen.

Zahlt der Kunde hingegen nichts an, so gewinnt er Zeit, sich die Sache nochmals zu überlegen, und oft kommt es dann zu einem Rücktritt.

In meiner ganzen Verkaufspraxis erinnere ich mich nicht an einen einzigen Abschluß, bei dem eine Anzahlung gemacht und der nachträglich als ungültig erklärt wurde.

Anfänglich hatte ich Hemmungen, Geld zu verlangen, doch nachdem ich es mehrmals getan hatte, verlor ich jede Scheu.

Wenn jemand unterschrieben hat, sage ich ganz einfach und natürlich: „Möchten Sie mir einen Check für die ganze Jahresprämie geben, oder würden Sie es vorziehen, jetzt die Hälfte und die andere Hälfte in sechs Monaten zu bezahlen?"

Meistens sagt der Kunde: „Wieviel macht es?" oder: „Besteht eine Differenz zwischen der Jahresprämie und der Halbjahresprämie?" Oft frägt der Kunde auch, ob er vierteljährlich zahlen könne.

Jetzt kommt der kritische Moment!

Wenn er sagt: „Kann ich erst nach dem Erhalt der Police bezahlen?" oder: „Ich bin noch nicht ganz entschlossen, wir wollen einmal die ärztliche Untersuchung abwarten...", so beginne ich mit folgender Geschichte:

Ich sage: „Herr Harris, vor einigen Jahren hatte ich das folgende Erlebnis. Drei Geschäftspartner kamen überein, sich ärztlich untersuchen zu lassen. Alle drei wurden als versicherungsfähig erklärt und ich wollte ihnen die Policen überbringen. Nachdem ich diese mit zweien der Partner besprochen hatte, sagte ich: ‚Wo ist Ihr Partner, Herr Curtis?'

Beide Männer lachten, und der ältere sagte: ‚Sie werden lachen, am Tag nach der ärztlichen Untersuchung erhielten wir von seiner Frau ein Telefon, daß Charlie erkältet sei und zu Hause bleiben müsse. Er liegt im Bett und hat eine Lungenentzündung!'

Ich sagte: ‚Ich bedaure sehr, daß Sie mir das erzählt haben.'

‚Warum?' fragte einer von ihnen erstaunt, ‚ändert das irgend etwas an unseren Policen?'

‚Ich kann die Police für Herrn Curtis nun nicht ausliefern', sagte ich.

‚Wann können Sie sie ausliefern?' fragte er ärgerlich.

‚Wir müssen warten, bis der Patient wieder völlig gesund ist und neu untersucht werden kann.'

‚Wie lange kann das dauern?', fragte der jüngere Partner.

‚Vermutlich zwei bis drei Monate', sagte ich.

‚Gibt es keinen anderen Ausweg?', fragte der ältere Herr.

‚Doch', gab ich zu, ‚wenn Sie mir einen Check für einen Teil der Prämie gegeben hätten, wäre die Versicherung sofort nach der ärztlichen Untersuchung in Kraft getreten.'

‚Und warum haben Sie keinen Check von uns verlangt?'

‚Weil ich nicht sicher war, ob Sie wirklich die Versicherung abschließen würden und weil ich befürchtete, Sie damit irgendwie unter Druck zu setzen.'

‚Ich würde dies im Gegenteil als einen sehr schlechten Kundendienst bezeichnen, Herr Bettger', sagte der ältere Partner verärgert.

Ich mußte ihm recht geben und habe daraus meine Lehren gezogen.

Die beiden Männer waren zwar enttäuscht, aber beide gaben mir einen Check für ihre persönliche Prämie. Die dritte Police retournierte ich der Gesellschaft und erklärte ihr in einem Brief die Situation. Es dauerte vier Monate, bis der dritte Partner völlig genesen war und seine Versicherung in Kraft treten konnte. Seit jener Erfahrung verlange ich in den allermeisten Fällen mit dem Antrag eine Anzahlung.“

Diese Geschichte erweist sich als äußerst wirkungsvoll. Wenn ich sie jeweils erzählt habe, hat der Zuhörer bereits sein Checkbuch zur Hand genommen.

Wirkungsvoller Satz

„Möchten Sie mir einen Check für das ganze Jahr geben, Herr Harris, oder ziehen Sie es vor, jetzt die Hälfte und die andere Hälfte in sechs Monaten zu bezahlen?“

25.

Wie man jungen Ehepaaren den Kaufentschluß erleichtert

Hier folgt eine kleine Anregung, die sich oft bewährt hat. Diese Methode half mir, den Kunden eine Entscheidung für eine bestimmte Versicherungsart zu erleichtern.

Ich wurde kürzlich durch einen Freund bei einem jungen 27jährigen Mann empfohlen. Er hatte sich unlängst verheiratet und war Vater eines vier Monate alten Säuglings. Eine Lebensversicherung bestand nicht.

Ich telefonierte ihm in sein Büro und fragte, ob ich ihn und seine Frau am Abend zu Hause aufsuchen könne.

Am nächsten Abend saß ich zusammen mit ihnen in ihrem Wohnzimmer; sie warteten auf meine Worte — doch ich wartete auf ihre.

Schließlich begann der Ehemann zu sprechen und ich erfuhr, daß ihn andere Versicherungsvertreter sozusagen Tag und Nacht bearbeitet hatten. Ich ermunterte ihn, mir davon zu erzählen und vernahm, daß er zusammen mit seiner Frau die verschiedensten Vorschläge geprüft hatte, aber vor lauter Bäumen den Wald nicht mehr sehen konnte.

Ich: „Wie lange befassen Sie sich mit dem Gedanken, eine Versicherung abzuschließen?"

Ehemann: „Seit der Geburt unseres Kindes."

Ich: „Also seit vier Monaten?"

Ehemann: „Ja."

Ich: „Und Sie sind noch zu keinem Entschluß gekommen?"
Frau: „Wir haben uns für eine Police von 10000 Dollar bei der Blank Co. entschlossen. Es ist dies die billigste Versicherung und die zweckmäßigste, die wir gefunden haben. Wir können sie innert fünf Jahre jederzeit abändern lassen." (Mit diesen Worten zog sie ein Bündel Offerten der verschiedensten Gesellschaften aus einer Schublade und übergab mir die eben besprochene.)
Ich: „Dies ist ein ausgezeichneter Vorschlag. Und Sie haben sich doch entschieden, ihn zu akzeptieren?"
Ehemann (unsicher): „...Wir sagten dem Vertreter, wir möchten uns noch eine Weile besinnen."
Ich: „Wurden Sie bereits durch einen Arzt untersucht?"
Ehemann: „Nein, eigentlich nicht."
Ich: „Es gehört zu meiner Aufgabe, Ihnen eine Entscheidung zu erleichtern. Lassen Sie mich Ihnen einige Erklärungen dazu geben."
Ich ziehe meinen Stuhl in eine Stellung, daß ich beide Ehepartner ins Auge fassen kann und daß beide meine Aufzeichnungen bequem überblicken können. Zuerst schreibe ich das Alter des Kunden auf die linke Seite eines Notizpapieres. Hierauf erkläre ich meinen Kunden der Reihe nach die bekanntesten Formen der verschiedenen Versicherungsmöglichkeiten und illustriere meine Beispiele durch einfache grafische Darstellungen. Ich sage ihnen, daß es darum geht, den größtmöglichen Schutz zum kleinsten Preis zu erhalten.
Ich verließ die jungen Eheleute mit einem Check für eine Lebensversicherung auf 10000 Dollar auf 20 Jahre. Mit andern Worten: Nachdem sie die verschiedenen Versicherungsformen wirklich *kannten*, war es ihnen möglich, eine vernünftige und zweckmäßige Entscheidung zu treffen.
Die Menschen wollen wissen, was sie kaufen.

26.

Bringe deine eigenen Zeugen!

Kürzlich verteidigte ein Rechtsanwalt namens Jorge Artel einen alten Bauern, der unter Mordanklage vor Gericht stand. Der Anwalt war von der Unschuld seines Klienten überzeugt, doch während er in seinem Plädoyer komplizierte juristische Überlegungen anstellte, fühlte er, wie die Aufmerksamkeit der Richter immer mehr erlahmte und schließlich in Langeweile überging. Außerdem stellte er fest, daß ein Polizeimann, welcher an der Türe stand, überhaupt nicht zuhörte und in einem Magazin las.

„Bei dieser Gelegenheit", schrieb Artel, „kam es mir in den Sinn, daß ich im selben Magazin eine Reihe von Geschichten über unschuldig Verurteilte gelesen hatte. Würden nicht alle diese Erlebnisse und Erfahrungen einen stärkeren Eindruck auf die Geschworenen machen als viele Zitate von Gesetzesparagraphen? Am andern Morgen brachte ich drei Artikel von solchen Fällen mit. Ich las sie dem Gericht vor, und die Wirkung war geradezu erstaunlich. In kurzer Zeit verließ mein Klient den Gerichtssaal als freier Mann."

Schon vor Jahren ließ ich mir Photokopien verschiedener Kundenzeugnisse machen. Wenn sich ein Verkaufsgespräch dem Abschluß nähert, sagte ich: „Herr X, ich bin natürlich nicht ganz objektiv. Selbstverständlich werde ich nichts Ungünstiges über meine Offerte aussagen..." Dann aber lege ich meine Zeugnisse auf den Tisch. Dies hat ungefähr dieselbe Wirkung, wie wenn ein Anwalt vor Gericht gute Zeugen aufrufen kann.

DALE CARNEGIE
27, Windover Road
FOREST HILLS
NEW YORK CITY

11. November 19...

Herrn Frank Bettger,
Fidelity Mutual Life Insurance Company
Philadelphia, Pennsylvania

Lieber Herr Bettger,

Ich habe kürzlich alle meine Lebensversicherungen durchgesehen und festgestellt, daß ich mit Ihnen meine erste Police am
16. März 1920 abgeschlossen habe. Dabei stellte ich mir die
Frage, was wohl aus dem Geld, welches ich in diese und alle
andern Policen steckte, geworden wäre, wenn ich sie nicht
abgeschlossen hätte. Vermutlich hätte ich heute überhaupt
nichts mehr davon. Ich habe einiges Geld an der Börse verloren und anderes an Freunde ausgeliehen. Davon ist nur ein
kleiner Teil zurückgekommen und der Rest ist vermutlich
verloren. Andere Kapitalanlagen haben mir nichts als Verluste
und Kopfweh verursacht. All dies trifft bei meinen Versicherungen nicht zu.
Ich frage mich, ob es überhaupt einen Mann gibt, der es im
Alter von 50 Jahren bedauert, daß er 20 oder 30 Jahre früher
sein Geld in einer Versicherung angelegt hat. Wenn ich mein
Leben überblicke, möchte ich, man hätte mich gezwungen,
jeden gesparten Dollar auf diese Weise anzulegen.

Im Jahre 1920, als ich 32 Jahre alt war, glaubte ich zu wissen, wie man Geld anlegt, doch mit 54 habe ich die Überzeugung gewonnen, daß es mindestens so schwer ist, Geld gut anzulegen wie es zu verdienen.

Sie erweisen jungen Männern einen großen Dienst, wenn Sie sie dazu veranlassen, frühzeitig ausreichende Versicherungen abzuschließen.

Sollten Sie diesen Brief andern Menschen zeigen wollen, haben Sie dazu mein volles Einverständnis.

Mit allen guten Wünschen, Ihr

Dale Carnegie

Anmerkung des Verfassers: Die Wiedergabe dieses Briefes erfolgt mit der ausdrücklichen Bewilligung Dale Carnegies.

GEORGE E. CANTRELL
Real Estate Trust Building
PHILADELPHIA, PENNA

9. September 19...

Lieber Frank,

Besten Dank für den Check. Eduard wird Dir erzählt haben,
daß ich mich von der Arbeit zurückziehe. Ich hoffe, bis am
15. Oktober alles erledigt zu haben. Die Jahresrente spielt bei
meinen Plänen eine äußerst wichtige Rolle. Ich bedaure einzig, daß ich sie damals nicht doppelt so hoch angesetzt habe.
Durch unglückliche Geldanlagen habe ich den mehrfachen Betrag verloren und dazu noch Ärger und Verdruß gehabt.
Wenn junge Menschen doch nur realisieren würden, welch
großen Nutzen sie wirtschaftlich und moralisch aus der
Rückendeckung durch eine gute Versicherung ziehen können.
Ich bin Dir zu großem Dank verpflichtet, daß Du mir recht-
zeitig die Bedeutung guter Versicherungen klar gemacht hast.

Dein George

Während die Kunden lesen, verhalte ich mich ruhig, denn meine „Zeugen" sprechen nun für mich.

Oft rufe ich auch meine „Zeugen" per Telefon an (vorzugsweise solche Leute, die der Kunde bereits kennt... ein Nachbar, ein Bekannter, ein Geschäftsfreund). Manchmal handelt es sich um Ferngespräche, die ich als besonders wirkungsvoll erachte. In solchen Fällen bitte ich die Telefonistin, mir unmittelbar nach dem Gespräch die Spesen zu melden, die ich immer sofort bezahle.

Solche „Zeugen" haben eine außerordentlich starke Wirkung, wenn es darum geht, das Vertrauen eines Kunden zu gewinnen.

Wirkungsvolle Sätze

„Herr X, ich bin in dieser Frage natürlich nicht ganz objektiv und ich werde Ihnen selbstverständlich nichts Ungünstiges über meine Offerte sagen." (Hierauf lege ich meine Zeugnisse auf den Tisch.)
Noch wirkungsvoller ist es, einen „Zeugen" am Telefon anzurufen, wobei ich z. B. sage: *„Herr X, ich möchte, daß Sie mit jemandem sprechen können, der an diesem Geschäft nicht interessiert und absolut objektiv ist. Darf ich Ihr Telefon benützen?"*
Hierauf lasse ich die Verbindung herstellen, wobei ich solche Leute bevorzuge, die der Kunde bereits kennt.

27.

Diese Geschichte begründete eine große Universität und den erfolgreichen Studienabschluß von unzähligen jungen Menschen

Der größte Redner, den ich je hörte war *Russell Conwell*. Seine berühmte Predigt „Die Diamantenfelder" beginnt mit der einzigartigen Geschichte eines alten Bauern, namens Ali Hafed, der seinen blühenden Hof und seine Familie verließ, um in den fernen Diamantenfeldern sein Glück zu suchen. Der Mann starb im fremden Land, einsam, verlassen und in bitterer Armut. Er erfuhr nie, daß kurz darauf die berühmtesten Diamantenfelder der Geschichte — die Minen von Golconda — entdeckt wurden... auf seinem eigenen Grund und Boden!

Russell Conwell, der Begründer der Temple Universität, hat diese Geschichte über sechstausendmal erzählt und daraus die offensichtlichen, aber ewig aktuellen Schlüsse gezogen.

Im Laufe der Zeit haben Tausende auf eigenem Grund und Boden wertvollere Diamantenminen als jene von Golconda gefunden: Minen des *Wissens* und der *Bildung*, die ihnen den Weg wiesen in eine Welt eines reicheren und glücklicheren Lebens.

Die Temple Universität ist heute eine Stiftung mit dem Zweck, Wissen und Bildung allen jungen Menschen zugänglich zu machen, die bereit sind, zu arbeiten.

Vielleicht können Sie einige der Geschichten Russell Conwells

150

auch verwenden, um Ihren Kunden den Wert Ihrer Dienste oder Waren klar zu machen. Sie erhalten kostenlos ein Exemplar der berühmten Schrift „Acres of Diamonds", wenn Sie der Temple University, Philadelphia, Pa., Ihre Adresse mitteilen.

Zusammenfassung

IV. Teil

Verkaufen im weitesten Sinne des Wortes heißt: Geschichten erzählen — Geschichten über Ihre Dienste und Waren. Diese Kunst sollte im Ausbildungsprogramm eines Verkäufers einen breiten Platz einnehmen.

Ihre Geschichte muß selbstverständlich in direkter Beziehung zu einem Problem Ihres Kunden stehen. Ich fand bald heraus, daß der Kunde nervös und uninteressiert wird, sobald er selbst und seine Probleme in der Geschichte keine Rolle spielen. Der Kunde muß die *zentrale Person* in der Geschichte sein. Solange er wirklich lebendige Anteilnahme daran nimmt, hilft er selber am Verkauf aktiv mit.

Stoff für gute Geschichten finden Sie überall, wenn Sie Augen und Ohren offen halten.

So wurde ich zum besseren Verkäufer (4):

Wie es mir gelingt, durch die Mithilfe der Kinder manchen Abschluß zu realisieren

Eines Tages sprach ich mit dem Vizepräsidenten der Corn Exchange Bank in Philadelphia. Sein Büro ist liegt so, daß man vom Pult aus direkt die Schalterhalle und den Eingang überblicken kann.

Plötzlich legte der Mann die Hand auf meinen Arm und unterbrach mich: „Nur einen Augenblick", sagte er, indem er auf die sich eben öffnende Tür blickte. „Wenn Sie eine wirklich gute Geschichte über Lebensversicherungen hören wollen, dann dürfen Sie sich die folgende nicht entgehen lassen!"

Ein reizendes Mädchen von etwa fünf Jahren sprang seiner Mutter voraus. Am Schalter blieb es stehen, stand auf die Zehenspitzen und schob einen Zettel durch den Schalter. Das Mädchen schien den Kassier zu kennen. Mit einer glockenreinen Stimme sagte es: „Herr Blake, da bringe ich einen weiteren Check meines Papas!" — der Kassier antwortete: „Sehr wohl!"

Inzwischen war die junge Mutter ebenfalls am Schalter angelangt und der Kassier schob ihr den eingelösten Geldbetrag zu.

Die beiden dankten ihm und verließen zusammen wieder die Bank.

Ich sagte zum Vizepräsidenten: „Was hat dies zu bedeuten?"

Er erzählte mir die folgende Geschichte: „Die junge Frau ist Witwe, und das kleine Mädchen ist ihre Tochter. Sie kommen jeden Monat, um den Check einzulösen, der ihnen von einer Versicherungsgesellschaft zugestellt wird. Das kleine Mädchen glaubt, der Vater befinde sich auf einer großen Reise. Man hat noch nicht den Mut aufgebracht, ihm zu sagen, daß er nie mehr zurückkommen wird. Etwa drei Monate vor seinem Tode hat der Verstorbene bei Milliard Ort von der Massachusetts Mutual eine Police gekauft. Kennen sie Millard?"

„Sehr gut", sagte ich.

„Nun", fuhr er fort, „Millard hat diesen Abschluß eingebracht, als der Verstorbene scheinbar bei ausgezeichneter Gesundheit war. Während 20 Jahren erhält seine Witwe monatlich 150 Dollar, und nach Ablauf dieser 20 Jahre wird sie eine kleine Rente erhalten, solange sie lebt."

Dieses kleine Erlebnis machte einen so tiefen Eindruck auf mich, daß ich die Geschichte immer wieder erzähle, wenn ich sie passend finde, und immer wieder ergreift sie mich — und den Zuhörer.

Mancher Vater wäre erstaunt, wenn ihm bewußt würde, wie sehr seine Kinder meine Verkaufsabschlüsse fördern.

V. TEIL

Ein neues Geschäftsgebiet, das mich in die ersten Ränge versetzte

28.

Als ich für einen großen Verkäufer Vorspanndienste leisten mußte

In der ersten Zeit meiner Tätigkeit als Verkäufer hatte ich das große Glück, dem besten Verkäufer zugeteilt zu werden, den ich je kennen lernte. Zu jener Zeit war Clayton Hunsicker fast doppelt so alt wie ich. In diesem Kapitel möchte ich erzählen, wie ich als unerfahrenes Greenhorn mit diesem hervorragenden und erfahrenen Mann zusammenarbeitete.

Eines Tages hörte ich an einer Vertreterkonferenz eine ausgezeichnete Ansprache Hunsickers über die Bedeutung von Lebensversicherungen. Die Rede machte mir großen Eindruck und eröffnete mir neue Gesichtspunkte für das weite Tätigkeitsgebiet, das die Lebensversicherung einem guten Verkäufer bietet. Ich begriff jedoch, daß es nicht genügte, Vorträge darüber anzuhören. Nach dem Vortrag wartete ich auf Hunsicker am Ausgang des Hotels, wo sein Vortrag stattgefunden hatte. Schließlich verließ er das Gebäude mit einigen andern Männern in Richtung Broad Street. Ich schloß mich ihnen an und kam mir vor wie ein Kind, das hinter Erwachsenen herläuft. An der nächsten Straßenecke schüttelten sich die Männer die Hände und ließen Hunsicker allein. Ich überwand meine Hemmungen und sagte: „Herr Hunsicker, Sie haben eine wundervolle Rede gehalten. Es war die beste, die ich je an einer Vertreterkonferenz vernahm."

Erfreut sagte er: „Danke schön!"

Dann fragte ich ihn: „Herr Hunsicker, wenn ich mit einigen

führenden Geschäftsleuten der Stadt Verabredungen treffe, würden Sie zusammen mit mir hingehen?"

Zu meiner Überraschung sagte er ohne sich zu besinnen: „Natürlich!"

„Und wie halten wir es mit der Provision, wenn wir zu einem Geschäft kommen?" fragte ich. Neben dem berühmten Verkäufer kam ich mir vor wie ein blutiger Anfänger. Zu meiner Freude sagte er entschlossen: „Da gibt es nur *eine* saubere Lösung: Halb und halb!"

Dies war der Beginn einer Zusammenarbeit, die sich über mehrere Jahre erstreckte. Andere Vertreter haben ebenfalls mit Hunsicker zusammengearbeitet, doch sie waren nicht bereit, ihre Provision zu teilen. Sie suchten ihn lediglich auf, um seinen Rat einzuholen und daraus Nutzen zu ziehen. Meine Lösung jedoch war die einzige richtige.

Ich war mir immer darüber klar, daß die Hälfte einer Provision besser ist als gar keine. Als ich Hunsicker fragte, war ich darauf gefaßt, daß er mir 75 und 25 Prozent vorschlagen würde, und ich wäre auch mit 25 Prozent zufrieden gewesen, nur um dabei etwas zu lernen.

Grundsätzlich halte ich nicht viel von Zusammenarbeit im Verkauf... mit Ausnahme solcher Fälle, wo es gelingt, einen hervorragenden Verkäufer mit einem unerfahrenen zusammenzubringen, wie es bei uns zum Teil der Fall war. So ist es auch in anderen Berufen: Große Chirurgen haben als Assistenten bei anderen großen Chirurgen angefangen.

Bald wurde mir das Geheimnis des Erfolges Hunsickers klar: *Er verkaufte, indem er Geschichten erzählte.* Und er beherrschte diese Kunst meisterhaft.

Eines Tages sprach ich mit Hunsicker darüber und sagte, ich sei erstaunt, wie vielbeschäftigte Geschäftsleute bereit seien, ihm ihre Zeit zur Verfügung zu stellen.

Hunsicker sagte: „Das Geheimnis liegt darin, daß ich mich immer vergewissere, ob meine Geschichte auch wirklich *sitzt*. Ich schildere eine tragische Situation, die auch für meine Kunden eintreten *könnte*. Und darum werden sie neugierig, die Lösung zu erfahren."

Nachdem ich einige Jahre mit Hunsicker zusammengearbeitet hatte, telefonierte ich eines Tages einem meiner Kunden, dem ich bereits eine Police verkauft hatte. Es handelte sich um den Teilhaber einer bedeutenden Fabrik. Ich sagte, ich hätte ihm eine wichtige Mitteilung zu machen und fragte, ob er mich für eine Viertelstunde empfangen könne.

Wir verabredeten uns auf den nächsten Vormittag.

Um 9 Uhr 30 war ich in seinem Büro. Der Mann war 60 Jahre alt. „Was möchten Sie von mir, Herr Bettger?" fragte er.

Ich hatte mir angewöhnt, meine Einführungsworte in Form einer Geschichte, die Hunsicker mit Erfolg anwandte, vorzubringen. „Herr Ellis", begann ich, „ich kann Ihnen diese Angelegenheit am besten mit einer kleinen Geschichte erklären. Ich arbeite mit einem Vertreter namens Clayt Hunsicker zusammen. Herr Hunsicker befaßt sich seit 38 Jahren mit Lebensversicherungen. Vor einigen Jahren hat er in Ridley Park der Witwe eines seiner Kunden einen Check von 25000 Dollar überbracht. Als er die Frau verließ, sagte er zu ihr:

,Frau Haines, ich habe mich schon oft darum bemüht, den Bruder Ihres Mannes zu versichern. Glauben Sie, daß jetzt der Moment gekommen ist, wo dies vielleicht möglich wäre?'

,Ganz bestimmt, Herr Hunsicker', sagte die Witwe. ,Der Tod meines Mannes hat John fast ebenso getroffen wie mich selbst. Die Bedeutung einer Lebensversicherung ist ihm nun bewußt geworden.'

Herr Hunsicker besuchte den Bruder des Verstorbenen noch am selben Tage. Dieser sagte: ,Jawohl, Herr Hunsicker, ich will eine Versicherung abschließen, und Sie können die Sache in die Hand nehmen. Mein Bruder und ich besaßen 52 Prozent des Kapitals

159

unserer Firma. Wir hatten ein Abkommen, welches für den Tod des einen vorsah, daß der Überlebende auf dem Besitz des Verstorbenen ein Vorkaufsrecht hat. Das bedeutet für mich die Notwendigkeit, einen Bankkredit aufzunehmen. Ich möchte eine Versicherung abschließen, die der Bank im Falle meines Ablebens ausreichende Sicherheit bietet.'

Hunsicker sagte: ‚Darf ich einen Vorschlag machen?'

‚Selbstverständlich', sagte Haines.

‚Wie lange ist es her, seit Sie für eine Lebensversicherung untersucht wurden?'

‚Offen gestanden, wurde ich überhaupt nie für eine Lebensversicherung untersucht. Doch ich glaube kaum, daß ich irgendwelche Schwierigkeiten haben werde', sagte Herr Haines.

‚Bevor Sie mit der Bank sprechen, schlage ich vor, daß Sie sich von Dr. Van Dervoort untersuchen lassen, damit Sie die ärztliche Einwilligung für einen beliebig hohen Versicherungsbetrag haben. Denn wenn Sie der Bank bereits jetzt sagen, Sie würden sich versichern lassen und ihr nachher mitteilen müssen, dies sei nicht möglich, könnten daraus Schwierigkeiten entstehen, nicht wahr?'

Herr Haines wurde untersucht und als versicherungsfähig erklärt. Eine Police auf einen hohen Betrag wurde ausgestellt, und als Hunsicker nach Chester zurückkehrte, um dem Kunden die Dokumente zu überbringen, war er maßlos erstaunt, als dieser sagte: ‚Herr Hunsicker, ich habe mich entschlossen, diese Versicherung nicht abzuschließen.'

‚Warum nicht?' fragte Hunsicker.

‚Meine Schwägerin macht Schwierigkeiten', sagte Haines, ‚ich war dreimal bei ihr und überbrachte ihr die Schätzung einer bekannten Treuhandfirma. Sie war sehr abweisend und schickte mich zu ihrem Anwalt. Ich sagte, dies sei eine unnötige Geldverschwendung, und sie könne mir volles Vertrauen schenken. Ich versicherte ihr, ich würde die Transaktion genau so korrekt voll-

160

ziehen, wie ich es von meinem Bruder erwartet hätte, wenn ich zuerst gestorben wäre. Die dumme Frau aber wollte davon nichts wissen. Wir hatten uns immer sehr gut verstanden, solange mein Bruder am Leben war, doch jetzt...

Ihr Anwalt brachte einen anderen Interessenten und verlangte einen Preis für den Anteil meines Bruders, der lächerlich hoch war. Dazu forderte er noch einen namhaften Betrag als Goodwill, und schließlich hätte ich den Anteil zum doppelten Preis seines wahren Wertes käufen müssen. Ich treffe nun eine andere Lösung: Ich habe genug Geld, um mich zurückzuziehen. Ich trete aus der Firma aus!'

Derlange Rede kurzen Sinn: John Haines verkaufte seinen Anteil zu einem billigen Preis an einen alten Herrn, der seinerzeit die Firma gegründet hatte. Dieser selbst besaß noch andere Unternehmen und wollte seinen Sohn in die Firma stecken. Dieser jedoch war daran nicht interessiert. Es wurde ein Direktor angestellt, doch das Geschäft ging rapid bergab und mußte schließlich liquidiert werden. Die eigensinnige Witwe erhielt nie einen Cent Dividende.

Diese Erfahrung war Hunsicker eine Lehre. Seither trifft er zusammen mit der Lebensversicherung Abmachungen, die solche Wendungen ausschließen. Er trachtet nunmehr stets danach, der Witwe einen vollen Schutz zu gewähren, indem er Lösungen vornimmt, die in solchen Fällen alle Teile befriedigen und Streitigkeiten zum vornherein ausschließen."

Nach einer langen Pause stand Herr Ellis auf und verließ das Büro. Ich befürchtete, etwas gesagt zu haben, das ihn verletzt hatte, doch bald kam er zurück und brachte einen andern Mann mit. Er stellte mich vor und sagte: „Herr Bettger, das ist Herr Hauser, der Vizepräsident der Gesellschaft. Ich möchte, daß Sie Herrn Hauser Ihre Geschichte ebenfalls erzählen, denn wir haben kürzlich zusammen unsere Situation besprochen und eingesehen, daß wir irgendeine Lösung treffen müssen."

Ich wiederholte meine Geschichte. Hierauf stellte ich den beiden Herren einige Fragen. Ich erfuhr folgendes: Vier der Besitzer führten das Unternehmen; alle waren über 50 Jahre alt. Jeder war verheiratet und hatte Kinder. Diese vier Männer, der Präsident, der Vizepräsident, der Sekretär und der Kassier, besaßen 8/15 des Kapitals ungefähr zu gleichen Teilen. Der Rest von 7/10 war im Besitz von Witwen und Kindern, die ihre Anteile von früheren Teilhabern erhalten hatten.

Es war nicht schwer, die kritische Situation zu erläutern. Wenn einer der Teilhaber sterben sollte, so würde die Kontrolle des Aktienkapitals in die Hände von unerfahrenen Frauen und Kindern gelangen. Die überlebenden drei Männer würden das Geschäft mit einer Aktienminderheit weiterführen müssen. Sie würden dadurch die Kontrolle verlieren und hätten sich mit den Frauen, deren Anwälten und den Anwälten von Kindern herumzuschlagen. Diese würden ihnen sogar ihr Gehalt vorschreiben können. Vermutlich würde sogar ihre geschäftliche Tätigkeit durch einen „Experten" überwacht werden!

Als ich die Männer verließ, wußte ich, daß ich einem Verkauf nahe war. Ich hatte vereinbart, zusammen mit Hunsicker wieder zu kommen und in Anwesenheit aller vier Teilhaber die Lage zu besprechen.

Am Nachmittag erzählte ich Hunsicker die ganze Geschichte. Er betrachtete die Situation als vielversprechend und war bereit, zusammen mit mir vorzugehen.

Zur vereinbarten Zeit wartete ich vor dem Gebäude der Firma auf Hunsicker. Doch er kam nicht! Ich wurde nervös und telefonierte seiner Sekretärin. Sie war ratlos und sagte: „Herr Hunsicker muß die Verabredung vergessen haben — eben telefonierte er mir aus einer andern Stadt."

Das war eine Bescherung! Ich war drauf und dran, meinen Kunden zu telefonieren und eine Krankheit Hunsickers vorzuschützen, um eine Verschiebung der Unterredung herbeizuführen.

Dann aber dachte ich: „Nein, ich kenne die Materie durch und durch, und ich werde allein damit fertig werden!"
Wie, das erfahren Sie im nächsten Kapitel.

29.

Was hinter meinen Verkäufen steckt

Ich wurde in das Büro von Herrn Ellis geführt und er rief seine drei Teilhaber zu sich. Alle sahen gut und intelligent aus. Nachdem ich vorgestellt worden war, setzten wir uns. Ich war ziemlich nervös, doch ich hatte mir fest vorgenommen, diese Unterredung zur erfolgreichsten meiner bisherigen Laufbahn zu gestalten.

Nach einigen Augenblicken der Stille brach Herr Phelps, der Präsident, das Schweigen und sagte: „Herr Ellis erzählte uns, daß Sie mit ihm und Herrn Hauser ein Projekt besprochen hätten, das wir alle zusammen diskutieren sollten."

Ich erwartete, daß jemand nach Hunsicker fragen würde, doch ich konnte meine Entschuldigung für mich behalten — niemand vermißte ihn. Ich handelte fortan, als ob mein alleiniges Erscheinen ganz in Ordnung sei. Ich hatte die Haines-Geschichte schon zweimal erzählt, und ich nahm an, Herr Ellis habe sie vermutlich auch den andern Teilhabern zur Kenntnis gebracht. So entschloß ich mich zu einer andern Geschichte, welche allen Zuhörern noch unbekannt war:

„Ich kann Zeit sparen", sagte ich, „wenn ich Ihnen meinen Plan an Hand einer realen Erfahrung entwickle... Vor einigen Jahren starb ein Nachbar von mir namens Armstrong. Er besaß mit zwei Brüdern die Armstrong Manufacturing Company. Die drei Brüder hatten einen Vertrag abgeschlossen, wonach im Falle des Ablebens eines Bruders die beiden andern verpflichtet waren, seiner Witwe den Betrag von 80000 Dollar auszuzahlen. Die Hälfte, nämlich 40000 Dollar, war durch eine Lebensversicherung gedeckt, die andere Hälfte von 40000 Dollar sollte 60 Tage nach dem Tode bar ausbezahlt werden. Die Witwe war jedoch der Ansicht, dieser Preis für den Anteil ihres Mannes sei viel zu niedrig und komme einer Beraubung gleich. ,Wenn mein Mann das wüßte', sagte sie, ,er würde sich im Grabe umdrehen!'

Sie nahm einen Anwalt und der Fall kam vor Gericht. Ich war ebenfalls anwesend, um zu bezeugen, aus welchen Gründen seinerzeit die geschilderte Vereinbarung unter den drei Brüdern getroffen worden war, doch ich wurde gar nicht aufgerufen. Richter Patterson präsidierte die Verhandlung, und ich war überrascht, als er den Anwalt der Witwe mitten in seiner Klagebegründung unterbrach und sagte:

,Nur einen Augenblick... was wir hier behandeln, ist überhaupt kein Problem. Es fehlt jeder Tatbestand!'

,Was meinen Sie damit, Herr Präsident?' fragte der erstaunte Anwalt.

,Es handelt sich hier', erklärte der Richter, ,um einen regelrechten Kaufvertrag, den Herr Armstrong zu Lebzeiten mit seinen beiden Brüdern abgeschlossen hat. Alle drei befanden sich zu jener Zeit bei bester Gesundheit. Jeder von ihnen wurde ärztlich untersucht und für 40000 Dollar versichert. Niemand konnte wissen, wer zuerst sterben würde. Sie einigten sich auf einen Preis, den sie alle drei als fair erkannten, nämlich 80000 Dollar. Der Kontrakt liegt, mit allen drei Unterschriften versehen, vor mir. Es handelt sich um einen klaren Kaufvertrag, der nach dem Tode eines Partners in Kraft tritt. Lassen Sie mich dafür ein Beispiel geben: Ich habe hier eine Thermosflasche, welche mir meine Frau zu Weihnachten schenkte. Sie zahlte 100 Dollar dafür. Ich selbst würde nie soviel Geld bezahlt haben, doch sie tat es. Nehmen wir nun an, ich würde mit Ihnen eine Vereinbarung treffen, daß Sie im Falle meines Todes die Flasche für 10 Dollar kaufen könnten. Ich sterbe... Sie besuchen meine Witwe und offerieren ihr die 10 Dollar; doch sie ist nicht einverstanden damit. Das wäre sinnlos, denn ich habe Ihnen ja effektiv die Termosflasche mit einem bindenden Kaufvertrag zu 10 Dollar verkauft. Meine Witwe hat damit überhaupt nichts zu schaffen. Sie kann nichts anderes tun, als das Geld nehmen und die Thermosflasche herauszugeben.'

Der Anwalt sagte: ,Herr Präsident, der Verstorbene bezog ein Jahresalär von 18 000 Dollar sowie eine Gewinnbeteiligung, und nun offeriert man der Witwe lediglich den Ausgleich für vier Jahre Arbeitslohn! Ist das gerecht?'

Der Richter antwortete: ,Sein Lohn hat nichts mit dem Wert des Geschäftes zu tun. Lohn ist Bezahlung für geleistete Dienste. Stirbt jemand, so hören Lohnzahlungen mit seinem Tode auf, wenn nicht besondere Abmachungen bestehen.'

Der Fall wurde abgewiesen. Richter Patterson sagte, das Gericht sei bereits zwei Jahre im Rückstand mit ähnlichen Fällen, und es sei völlig sinnlos, weiter darüber zu argumentieren, denn es könne hier nur eine Lösung geben: Kein Gericht habe das Recht, den Sinn einer Willensäußerung, die jemand zu Lebzeiten vorgenommen habe, willkürlich abzuändern.

Am nächsten Tage suchte ich Richter Patterson persönlich auf und bat ihn, an einer unserer Vertreterkonferenzen dieses Thema zu behandeln. Der Richter sagte zu. Seine Rede war für alle Anwesenden äußerst wertvoll. Patterson schilderte uns eine Reihe von Gerichtsfällen, und es wurde uns klar, was hätte vorgekehrt werden müssen, um diese Streitigkeiten zu vermeiden. Er erklärte uns, daß unklare Abmachungen meist zu bitteren Auseinandersetzungen führen. ,Eine Option', sagte er, ,oder ein Recht bedeutet nur das, was dadurch zum Ausdruck kommt. Wenn der überlebende Partner davon keinen Gebrauch machen will, kann ihn niemand dazu zwingen.'

Richter Patterson empfahl allen Geschäftspartnern, Teilhabern

166

usw., bindende und klare Abmachungen für *alle* Teile zu treffen, wobei der Verkaufspreis unmißverständlich fixiert werden sollte. Alle Jahre sollte der Preis neu überprüft und notfalls korrigiert werden.

Jetzt wurde uns erst klar, welch enorm wichtige Rolle Lebensversicherungen in solchen Fällen spielen konnten. ‚Viele Prozesse‘, sagte Patterson, ‚hätten nie stattgefunden, wenn Lebensversicherungen vorhanden gewesen wären, die den Überlebenden die Möglichkeit geboten hätten, ihre Verpflichtungen zu erfüllen.‘ "

Während ich den vier Männern diese Geschichte erzählte, hörten sie mir schweigend zu. Nie hatte ich aufmerksamere Zuhörer gehabt! Unsere Unterredung dauerte volle vier Stunden. Wir hatten um 11 Uhr begonnen, und um 1 Uhr sagte der Präsident: „Wir wollen zusammen essen gehen und nachher weitermachen." Während des Essens sagte ich kein Wort von einer Versicherung. Wir kehrten nachher in das Büro zurück und ich hatte die Überzeugung gewonnen, daß alle bis auf einen für einen Abschluß zu haben waren. Ich sagte: „Meine Herren, es gibt *vier Punkte* an Hand derer ein solcher Plan ausgearbeitet werden muß." Indem ich sie an meinen Fingern abzählte, sagte ich:

„*Der erste Schritt* besteht in einer ärztlichen Untersuchung, damit wir wissen, ob Sie alle versicherungsfähig sind. Sollte dies bei einem von Ihnen nicht der Fall sein, müssen wir unsern Plan ändern. Also kommt die Untersuchung zuerst.

Der zweite Schritt besteht in der Festsetzung des Verkaufspreises: Wie hoch schätzen Sie den Wert des Geschäftes ein? Zu welchem fairen Preis würden Sie es im Falle Ihres Ablebens verkaufen? Sie können sich diese Frage überlegen, während die Versicherung Ihre Anträge prüft.

Die dritte Frage besteht in der Abklärung, wieviel von diesem Betrag Sie versichern wollen. Dies wird vermutlich stark vom Preis der Versicherung abhängen. Ich werde mich darauf vorbereiten, Ihnen alle nötigen Zahlen zu liefern, während Sie untersucht werden.

An vierter Stelle kommt der Vertrag selbst." Ich betone dies immer ausdrücklich, denn meist möchten die Partner zuerst einen Vertrag aufsetzen, bevor die Voraussetzungen dafür da sind. Die vier Männer waren einverstanden, sich ärztlich untersuchen zu lassen. Der Abschluß wurde der höchste, den ich je erzielte. Die Anteile und Lebensversicherungspolicen wurden bei einer Treuhandstelle deponiert.

Was gab mir an jenem Vormittag den Mut, den Kampf allein — ohne Hunsicker — aufzunehmen und mit vier Männern zu verhandeln, die fast doppelt so alt waren wie ich selbst? Einzig und allein: *eine gute Geschichte!* Ohne sie hätte ich nie den inneren Schwung aufgebracht, die Unterredung anzupacken. So aber wußte ich, daß ich für die spezielle Situation gute Beispiele auf Lager hatte. Und es waren meine „Geschichten", welche diese vier Männer überzeugten und sie zum Abschluß von Versicherungen im Betrage von einer halben Million Dollar veranlaßten.

Als wir zum Abschluß kamen, waren drei der Männer einverstanden, der vierte machte Opposition. Ich verhielt mich still und ließ die andern drei meine Arbeit un, bis sie auch den vierten von der Richtigkeit meines Planes überzeugt hatten.

Zusammenfassung

Der wichtigste Grundsatz,
um Angst und Hemmungen zu überwinden

■■■■■ *1. Das beste Mittel, um irgendeine Angst zu bekämpfen, besteht darin, gerade das, was wir fürchten, immer wieder zu tun — solange, bis wir eine Reihe erfolgreicher Erfahrungen gesammelt haben.*

168

Wenn ich mich nicht an diesen Grundsatz erinnert hätte, wäre es mir nicht möglich gewesen, die vier Männer allein aufzusuchen.

2. Als die vier prominenten Männer, die alle fast doppelt so alt wie ich waren, das Zimmer betraten, war ich schrecklich aufgeregt und nervös. Ich war jedoch entschlossen, diese Unterredung zu einer meiner besten und erfolgreichsten zu machen. Zwei Dinge geschahen:

a) Meine Begeisterung unterdrückte meine Angst, ja meine Nervosität arbeitete nicht gegen, sondern *für* mich. Es wurde tatsächlich mein weitaus bestes Interview.

b) Meine Begeisterung steckte die vier erfahrenen Männer an, und sie begeisterten sich ebenfalls für meine Idee.

3. Wie lernt man, gute Geschichten zu erzählen? Indem man sie erzählt! Wenn man eine Geschichte mehrmals wiedergegeben hat, spürt man jedesmal neue Fortschritte. Alle unnötigen Worte und Einzelheiten läßt man mit der Zeit fallen, die Geschichte wird immer knapper, wesentlicher und wirkungsvoller. Wenn dadurch dem Zuhörer ein Weg gezeigt wird, wie er Geld verdienen oder irgendeines seiner Probleme erfolgreich lösen kann, wird sie ihn ebenfalls begeistern und das Geschäft ermöglichen.

4. *Die vier Punkte.* Ich habe herausgefunden, daß Männer es schätzen, wenn man den Vorgang klar in diese vier konkreten Schritte zerlegt. Dies erleichtert es dem Zuhörer, den Gedankengängen zu folgen und zu einem Entschluß zu kommen. Man bringt dadurch Ordnung in die Dinge und sie werden klar und einprägsam.

30.

Diese Geschichte brachte mir viele große Aufträge ein

Eines Tages rief mich ein guter Freund, Vizepräsident eines Fabrikationskonzernes, an und sagte: „Frank, wir haben darüber gesprochen, unsere Lebensversicherungen zu erhöhen. Wann kannst du hier vorbeikommen?"
Solche Anrufe hätten mir zu gewissen Zeiten beinahe eine Herzattacke eingetragen. Und jetzt...? Ich erledigte das Geschäft in einer Viertelstunde, wobei ich selber *nichts verkaufte*, sondern lediglich die Bestellung entgegennahm!
Die günstige Situation, in der dies überhaupt möglich war, konnte jedoch nur heranreifen, weil ich vor Jahren den Teilhabern dieser Firma die folgende Geschichte erzählt hatte:
Ich hatte einst eine Unterredung mit Robert M. Green, dem Präsidenten der Firma Robert M. Green and Sons, Inc., welche zu den ältesten Syphonfabriken Amerikas gehört. Wir sprachen über die finanzielle Sicherung der Gesellschaft, und eine Weile hörte er mir interessiert zu. Plötzlich unterbrach er mich und sagte: „Möchten Sie eine Geschichte hören, die Ihnen große Dienste leisten wird?"
Ich sagte: „Ich bin gespannt darauf!"
„Vor vielen Jahren", erzählte R. M. Green, „wohnte ich in einem kleinen, zweistöckigen Reihenhaus in einer Seitenstraße in der Nähe der Baldwin-Lokomotivwerke. Im selben Haus wohnte ein junges Paar mit zwei kleinen Kindern. Jeden Abend kam

der Mann aus den Lokomotivwerken heim, in schmutzigen Überkleidern, das Gesicht über und über mit Ruß beschmiert, in der Hand ein blechernes Eßgeschirr.

Einige Jahre zuvor hatten sich die sieben Teilhaber der Baldwinwerke zu einer Sondersitzung versammelt. Herr Baldwin sagte damals: ‚Meine Herren, unser Werk hat ungeahnte Möglichkeiten. Wenn wir aber mit der Entwicklung Schritt halten wollen, müssen wir dafür sorgen, daß der Besitz des Unternehmens in *den Händen* bleibt, die es wirklich führen.'

Als Ergebnis dieser Konferenz wurde ein Vertrag abgeschlossen, der jeden der sieben Partner dazu verpflichtete, im Falle des Ablebens eines Partners dessen Anteil aufzukaufen. Der Kaufpreis wurde festgesetzt und vereinbart, er sei auf Grund der Jahresrechnung stets neu zu prüfen und festzulegen. Diese Abmachung sollte automatisch nach dem Tode eines Partners in Kraft treten.

Einige Jahre später starb ein Teilhaber namens Tomlinson. Sein Anteil betrug 250 000 Dollar. Seine Partner kauften ihn auf und sahen sich dann nach einem jüngeren Mann um, der den Platz des Verstorbenen einnehmen konnte. Man hatte dabei einen jungen Mitarbeiter im Auge, dessen Aufgabe darin bestand, jede Maschine genau zu kontrollieren, bevor sie an die Eisenbahngesellschaften abgeliefert wurde. Man offerierte ihm den Anteil Tomlinson von 250 000 Dollar.

‚Aber ich habe doch kein Geld!' rief er aus, *‚ich verdiene nur 150 Dollar im Monat.'*

‚Wir wollen nicht Ihr Geld, sondern Sie selbst!' war die Antwort.

In einer bemerkenswert kurzen Zeit hatte der junge Mann aus seinem Gewinnanteil die 250 000 Dollar in seinen eigenen Besitz gebracht, und schließlich wurde er Präsident der Werke. Sein Name ist Samuel Vauclain. Es ist derselbe Mann, der mit uns im gleichen Hause wohnte und am Abend, schmutzig wie ein Bergarbeiter, nach Hause kam…"

Diese Geschichte faszinierte mich dermaßen, daß ich beschloß,

Samuel Vauclain persönlich aufzusuchen. Ich fragte ihn, ob die Schilderung wirklich stimme, und er sagte: „Absolut!" Ja, er erzählte mir noch weitere, interessante Einzelheiten, die mir noch unbekannt waren. Ich stellte ihm einige Fragen, die er mir wie folgt beantwortete:

Ich: „Herr Vauclain, würden Sie mir sagen, ob diese Partner über geschäftliche Lebensversicherungen verfügten?"

Vauclain: „Ja. Als unser Werk wuchs, kauften wir mehr und mehr Versicherungen, bis wir im Ruf standen, einer der höchstversicherten Betriebe der Welt zu sein. Doch unsere Versicherungen haben uns nichts gekostet."

Ich (erstaunt): „Wieso?"

Vauclain: „Sie erinnern sich an den Bankkrach von 1907. Alle Geldinstitute machten zu, und es war unmöglich, irgendwo Geld aufzutreiben. Wir hatten damals Lieferungsverträge mit der ganzen Welt und, falls unsere Lokomotiven nicht pünktlich zur Ablieferung gelangten, mußten wir mit hohen Schadenersatzsummen rechnen, die vertraglich für jeden Tag der verspäteten Lieferung festgelegt waren. Dies würde uns mehr Geld gekostet haben, als wir je für unsere Versicherungen ausgegeben haben. Es war uns aber möglich, den ganzen Betrieb aufrecht zu erhalten und unseren Arbeitern jeden Samstag den Lohn auszuzahlen. Und warum? Einzig und allein weil uns die Versicherungsgesellschaften das nötige Geld vorschossen! Indem wir unseren Betrieb aufrechterhielten, überwanden wir die gefährlichste Klippe seiner Geschichte."

Ich sagte Herrn Vauclain, seine Geschichte wäre bestimmt für jeden Unternehmer von größter Wichtigkeit, und ich fragte ihn: „Herr Vauclain, wie lange arbeiteten die Baldwinwerke auf der Grundlage einer persönlichen Partnerschaft?"

Vauclain: „Bis 1910."

Ich: „Warum hat man hierauf eine Aktiengesellschaft gegründet?"

Vauclain: „Um diese Zeit hatte unser Betrieb solche Dimensionen angenommen, daß wir große Summen aufnehmen mußte. Die finanzielle Grundlage mußte verbreitet werden, und dies war nur im Rahmen einer Aktiengesellschaft möglich."

Ich: „Konnten aber Ihre führenden Männer weiterhin die Mehrheit kontrollieren?"

Vauclain: „Nein, nachdem die Aktien im freien Handel waren, bestand diese Möglichkeit nicht mehr."

Ich: „Was aber geschieht mit den jungen Leuten, die Sie in den Betrieb aufnehmen — wie es damals mit Ihnen geschah? Können Sie immer noch diese Politik verfolgen?"

Vauclain: „Wir behandeln diese Frage immer noch im Sinne Herrn Baldwins und halten weiterhin Ausschau nach tüchtigen Leuten in unserem Betrieb. Sie sind die Lebensader unseres Werkes!"

Diese Geschichte hat mir geholfen, für Millionenbeträge Teilhaberversicherungen abzuschließen.

31.

Erstens kommt es anders
und zweitens als man denkt...

Eines Tages rief mich einer meiner Kunden (er zählte damals 64 Jahre) an und sagte: „Ich muß Sie unbedingt sehen. Ich muß etwas von meinen Versicherungen fallen lassen. Als ich sie abschloß, verdiente ich fast doppelt so viel wie heute... doch jetzt sind sie mir einfach zuviel!"

Als wir uns trafen, sagte ich: „Herr Stortz, als Sie damals diese Versicherungen abschlossen, bestand doch ein reales Bedürfnis danach, nicht wahr?"

„Ja", sagte er.

„Und es besteht doch auch noch heute?"

„Jawohl, aber es fehlt mir das Einkommen, sie weiterzuführen."

„Benötigen Sie die Rückkaufssumme oder machen Ihnen einfach die Prämien Sorgen?"

„Ich brauche das Geld nicht, aber die Prämien stehen in keinem Verhältnis mehr zu meinem Einkommen. Ich muß meine Ausgaben beschränken."

„Sie meinen Ihr *jetziges* Einkommen?"

„Ja. Wir arbeiten zur Zeit schlecht, und unter den heutigen Verhältnissen sehe ich in der näheren Zukunft keine Möglichkeiten, *mehr* zu verdienen", erklärte Herr Stortz.

„Aber es besteht doch die Chance, daß Sie vielleicht ein Jahr später diese Versicherungen weiterführen können, oder nicht?"

„Ja, das ist möglich", gab er zu.

„Gut. Dann möchte ich Ihnen einen Vorschlag machen: Warum belehnen Sie von den Versicherungen nicht soviel, um die Policen ein weiteres Jahr weiterlaufen zu lassen? Wenn sich die Dinge bis dahin nicht gebessert haben, könne Sie die Versicherungen immer noch fallen lassen, doch in der Zwischenzeit genießen Sie weiterhin deren Schutz, der für Sie heute vielleicht noch viel nötiger ist als früher!"
„Und ich brauche nichts dafür zu bezahlen?"
„Keinen Cent!" versicherte ich ihm.
Herr Stortz schien sehr zufrieden über diese Lösung, und als wir das Büro zusammen verließen, sagte ich: „Was geschieht eigentlich mit Ihrem Geschäft, wenn Ihnen etwas zustoßen sollte?"
Stortz: „Der Präsident, Harry Schmidt, wird es weiterführen."
Ich: „Und falls er zuerst stirbt?"
Stortz: „Dann werde ich es vermutlich übernehmen."
Ich: „Sie wollen mit 200 Aktien von 2800 das Geschäft führen? Denken Sie daran, daß die restlichen 2600 in die Hände von Frauen und Kindern geraten, die durch Anwälte vertreten werden! Welche Rolle spielt Harry Schmidt in Betrieb?"
Stortz: „Er wird als erstklassiger Fachmann in der Papierwarenbranche bezeichnet."
Ich: „Wenn ihm also etwas zustößt, fallen alle seine Verantwortlichkeiten auf Sie?"
Stortz: „Ja."
Ich: „Glauben Sie wirklich, diese Situation mit nur 200 Aktien meistern zu können? Mit dem Tode von Harry fällt sein Salär aus. Das Geschäft würde vermutlich zurückgehen und seine Familie würde keine Gewinnbeteiligung erhalten. Was geschieht dann? Für alles wird man Sie verantwortlich machen! Vermutlich wird man sogar sagen, Sie seien zu alt, um das Geschäft weiterzuführen, und die Aktienmehrheit könnte Sie sogar um Ihre Stellung bringen. Ist das nicht so, Herr Stortz?"

Stortz: „Ich habe schon oft daran gedacht. Doch was kann ich dagegen machen?"

Ich: „Die Gesellschaft sollte das Leben Harry Schmidts für den vollen Betrag seiner Einlage versichern, so daß die leitenden Männer bei seinem Tode die Kontrolle behalten und seine Erben auszahlen können."

Stortz: „Das ist eine ausgezeichnete Idee, doch wir können niemals so hohe Prämien aufbringen."

Ich: „Herr Stortz, gerade das ist der Grund, warum ich mit Ihnen sprechen will. In Tat und Wahrheit ist dies der einzige Grund unserer Unterredung! Wenn das Geschäft gut läuft, wird Harry Schmidt vermutlich seine Investitionen nicht zurückziehen wollen."

Stortz: „Ich werde die Sache mit ihm besprechen."

Ich: „Nein, tun Sie das lieber nicht, das ist *meine* Aufgabe. Wenn Sie selber mit diesem Vorschlag kommen, könnte er denken, es gehe hier nur um Ihre eigenen, selbstsüchtigen Interessen. Nachdem er 80 Prozent der Aktien besitzt, wäre es besser, wenn ich ihn zuerst mit dem Gedanken vertraut machen würde. Sind Sie nicht auch dieser Meinung?"

Stortz: „Ja, Sie haben recht. Ich werde kein Wort davon sagen."

Ich setzte mich sofort mit Harry Schmidt in Verbindung und legte ihm die ganze Situation dar, wie sie mir bekannt war. „Harry", sagte ich, „wenn Ihnen irgend etwas zustoßen sollte, besteht die Gefahr, daß alles, was Sie in Ihrem Leben in dieses Geschäft gesteckt haben, verloren geht. Sie haben fast Ihr ganzes Vermögen in diesem Betrieb angelegt, und ich weiß, daß man Sie zu den besten Fachleuten Ihrer Branche zählt. Ich habe darüber sowohl mit Ihren Mitarbeitern wie mit Konkurrenten gesprochen. Wie soll Herr Stortz, ein Mann von 64 Jahren, alle Ihre Verantwortlichkeiten übernehmen können? Das Geschäft würde vermutlich nach fünf Jahren am Boden liegen und Ihr Geld wäre verloren. Halten Sie es für richtig, Ihr Vermögen auf so unsichere Weise anzulegen? So lange Sie leben ist alles in Ordnung, doch was geschieht mit Ihrem Geld und Ihrer Familie, wenn Sie sterben sollten?"

Schmidt: „Ich habe schon oft darüber nachgedacht, aber ich weiß nicht, wie ich das Problem lösen soll."

Ich: „Gerade darum habe ich Sie aufgesucht. Es gibt nur eine Lösung: Die Gesellschaft muß Ihr Leben für den vollen Betrag Ihrer Einlage versichern oder wenigstens soviel davon, wie nur immer möglich, damit Ihre Familie keine Not leidet, wenn Ihnen etwas zustoßen sollte. Durch die Versicherung werden Ihre Angehörigen über ein regelmäßiges und dauerndes Einkommen verfügen."

Schmidt: „Ich glaube, Sie haben recht. Ich werde die Angelegenheit mit Herrn Stortz und den andern Mitarbeitern besprechen."

Ich: „Nein, tun Sie das nicht! Das ist *meine* Aufgabe. Ich werde mich sofort mit Herrn Stortz und den andern Herren in Verbindung setzen. Wenn Sie es selber tun, könnte ein ganz falscher Eindruck entstehen. Ihre Partner würden vermutlich dahinter nur Ihre eigenen Interessen sehen und denken, es sei egoistisch von Ihnen, der Gesellschaft eine so hohe Prämie zuzumuten, nur um Ihre Einlage sicherzustellen. Vor allem wollen wir Sie zuerst einmal untersuchen lassen, um sicher zu sein, daß ich Sie für einen hohen Betrag versichern kann. Sollte dies nicht der Fall sein, so müssen wir einen andern Weg einschlagen. Zuerst die ärztliche Untersuchung, und wenn wir das Ergebnis kenne, werde ich mit Ihren Teilhabern sprechen. Einverstanden?"

Schmidt: „Einverstanden."

Ich: „Wenn es Ihnen recht ist, wäre es besser, wenn Sie vorläufig nicht mit Herrn Stortz über diese Sache sprechen würden... Sie verstehen mich doch?"

Schmidt: „Ich verstehe Sie."

Der Leser wird vielleicht denken, ich sei nicht ganz korrekt vorgegangen, doch ich habe diese Idee nicht von ungefähr, sondern von einem großen und klugen Manne übernommen, von *Benjamin Franklin.*

Die Universität, das Spital, die Volksbibliothek und viele andere hervorragende Einrichtungen in Philadelphia und in aller Welt stehen heute noch auf sicheren Füßen, und das nur, weil Benjamin Franklin dieselbe Diplomatie anwandte, um *Gutes* zu stiften! Er hat darüber in seiner Autobiographie geschrieben, er habe sich die Anwendung einer solchen List verzeihen können, wenn er dadurch einer guten Sache zum Durchbruch verhelfen konnte.

Bevor ich Harry Schmidt verließ, sagte ich: „Harry, bevor ich mit Herrn Stortz spreche, müssen wir einen Vier-Punkte-Plan befolgen: zuerst kommt die Untersuchung, denn, falls Sie nicht akzeptiert würden, wäre es für Sie unangenehm, wenn ich bereits mit anderen Leuten darüber gesprochen hätte."

Die Untersuchung fand statt. Herr Schmidt wurde angenommen, doch ich durfte ihn nicht über 150 000 Dollar versichern. Wir trafen uns wieder in seinem Büro, und ich überreichte sowohl ihm wie auch Herrn Stortz ein Original meines Planes. Ich selbst behielt den gelben Durchschlag davon und eröffnete die Unterredung mit folgenden Worten: „Ich werde mir erlauben zu schweigen, während Sie in aller Ruhe meinen Vorschlag lesen."

Hier folgt eine genaue Wiedergabe des Briefes:

Henry Schmidt & Bro. Inc.
328, Vine Street
Philadelphia

Sehr geehrte Herren,

Nachdem wir die Situation Ihrer Gesellschaft und die Möglichkeiten eines ausreichenden Schutzes für eine erfolgreiche Weiterentwicklung sorgfältig überprüft haben, empfehlen wir den folgenden Plan Ihrer Aufmerksamkeit.

Die Gründer Ihres Unternehmens leben nicht mehr, und von den 2800 Aktien befinden sich 2400 in den Händen von Herrn Harry Schmidt. Sein Tod würde für die Firma und die von ihm abhängigen Menschen einen schweren Verlust bedeuten. Sein Gehalt würde dahinfallen, und seine Angehörigen könnten seinen Anteil weder belehnen noch verkaufen. Die Zahlung von Dividenden wäre höchst unsicher.

Eine solche Situation führt meistens unter den Erben zu Unliebsamkeiten und bringt auch diejenigen, die das Geschäft weiterführen müssen, in große Schwierigkeiten. Beide Teile bedürfen des ausreichenden Schutzes.

Der einzige Weg, der dies ermöglicht, liegt in einer Teilhaberversicherung und einem Kaufvertrag über die Anteile. Nehmen wir an, der jetzige Anteil betrage 90 Dollar. Die 2400 Anteile Herrn Schmidts stellen demnach einen Wert von 216000 Dollar dar. Wenn das Leben von Herrn Schmidt auf diesen Betrag versichert werden müßte, wäre diese Prämie heute vermutlich zu hoch. Wir schlagen darum eine Lebensversicherung von 150000 Dollar vor. Die Kosten dafür müßten — wie bei Feuerversicherungen und anderen Spesen — von der Gesellschaft übernommen werden.

Sollte Herrn Schmidt etwas zustoßen, so wird die Versicherung sofort 150 000 Dollar auszahlen. Der Rest von 66 000 Dollar wäre den Erben in Raten zurückzuzahlen.

Wir sind gerne bereit, mit Ihrem Rechtsberater zusammenzuarbeiten, um eine Vereinbarung zu erzielen, die allen Interessen gerecht wird.

Wir empfehlen Ihnen, sofort einen möglichst hohen Versicherungsbetrag abzuschließen, worauf dann die Einzelheiten des Vertrages später ausgearbeitet und festgelegt werden können.

Dieser Plan wird von führenden Firmen als der weitaus beste bezeichnet, um die Entwicklung und den Bestand eines Unternehmens zu sichern. Er kann auch der Firma Henry Schmidt & Bro., Inc., ein erfolgreiches Weiterbestehen während vieler Generationen garantieren.

Mit vorzüglicher Hochachtung
Frank Bettger

Der Präsident sagte: „Ich bin der Meinung, daß die Gesellschaft diesen Plan ausführen sollte. Wenn mir etwas zustößt, möchte ich, daß Herr Stortz die Kontrolle über die Firma ungehindert ausüben kann."

Herr Stortz sagte: „Doch wo nehmen wir das viele Geld her, um diese hohen Prämien zu bezahlen?"

Die Männer blickten auf mich und ich sagte:

„Wo nehmen Sie das Geld her, um jede Woche Ihre Löhne auszuzahlen...? Wie hoch ist Ihre wöchentliche Lohnsumme?"

Herr Stortz sagte: „Rund 1 800 Dollar pro Woche."

Ich bemerkte: „Also rund 90 000 Dollar pro Jahr, nicht wahr?"

„Ja, ungefähr."

„Wenn Ihnen ihr Buchhalter jetzt mitteilen würde, die Lohnsumme betrage nunmehr 96 000 Dollar pro Jahr, würde Sie dies beunruhigen?"

„Nein", sagte Herr Stortz.

„Und wenn sie erfahren, die Lohnsumme betrage nur noch 84 000 Dollar pro Jahr, würden Sie dann Freudensprünge machen?"

„Auch nicht", sagte Stortz.

„Gut", sagte ich, „warum wollen wir uns diese Versicherung nicht einfach als einen neuen Mitarbeiter vorstellen, den Sie eben engagiert haben? Nehmen wir an, er sei der wichtigste Angestellte im Betrieb überhaupt; gibt er dem Unternehmen doch jenen Schutz, den es dringend benötigt. Vorausgesetzt, Sie würden nach zehn Jahren seine Dienste nicht mehr benötigen, so wird er Ihnen rund zwei Drittel des Geldes zurückgeben, das Sie für ihn bezahlt haben. Mit andern Worten: Hier handelt es sich nicht um Spesen, sondern um eine Kapitalanlage."

Herr Schmidt sagte hierauf: „Wenn wir aber einmal die Prämien nicht aufbringen können, was geschieht dann?"

„Harry", sagte ich, es lohnt sich, diese Prämien aufzubringen, selbst wenn Sie Ihre Reserven angreifen müßten. Es würde sich dabei lediglich um eine Verschiebung der Reserven handeln!"

Ich erhielt einen Check für einen Teil der Jahresprämie, und der Rest wurde innert 60 Tagen einbezahlt.

Wirkungsvolle Sätze

Herr Stortz, wer führt dieses Unternehmen, wenn Ihnen etwas zustoßen sollte?"

„Herr Stortz, gerade das ist ja der Grund, warum ich mit Ihnen sprechen will. In Tat und Wahrheit ist das der einzige Grund unserer Unterredung."

Ich erachte diese Sätze als sehr wirkungsvoll, um auf den Kernpunkt der Sache loszugehen.

Wenn man sagt: „Das ist eine ausgezeichnete Idee. Ich werde mit meinem Partner darüber sprechen":

Nein, tun Sie das nicht, das ist meine Aufgabe!"

Sagt man: „Wo nehmen wir das viele Geld her, um die Prämien zu bezahlen?"

„Wo nehmen Sie das Geld her, um Ihre Löhne zu zahlen? Wieviel beträgt Ihre wöchentliche (jährliche) Lohnsumme?"

Wird der Betrag genannt, dann zähle ich die Prämie dazu und demonstriere auf diese Art, wie unbedeutend sie im Verhältnis zum Ganzen ist. Bitte beachten Sie, daß ich dies nicht mit Feststellungen tue, sondern durch geeignete Fragen. Ich sage:

„Warum wollen wir uns diese Versicherung nicht einfach als einen neuen Mitarbeiter vorstellen, den Sie eben engagiert haben? Nehmen wir an, es sei der wichtigste Angestellte im Betrieb überhaupt!"

„Es lohnt sich, diese Prämien (Auslagen) aufzubringen, selbst wenn Sie Ihre Reserven angreifen müßten. Es würde sich dabei lediglich um eine Verschiebung der Reserven handeln!"

Anmerkung des Übersetzers: Dieser Satz kann ohne weiteres auch außerhalb des Versicherungsgeschäftes mit Erfolg angewandt werden, wenn er entsprechend abgewandelt wird.

32.

Wie man durch Ideen
das Kaufinteresse wecken kann

Eines Tages besuchte ich zwei Geschäftsfreunde, Besitzer einer
mittleren Textilwarenfabrik. Ich war überrascht, welche Erweite-
rungen das Unternehmen seit meinem letzten Besuch vor wenigen Monaten erfahren hatte. Ich verkaufte an jenem Tag keine
höheren Versicherungen, doch ich verließ das Haus mit Empfehlungskarten an alle drei Firmeninhaber, die mit den Umbauarbei-
ten betraut worden waren.
Eine Woche später besuchte ich ohne Voranmeldung die Heizungsfirma Connor & Taylor. Es spielte sich folgende Unterredung ab:

Szene 1

Ich: „Herr Connor?"
Connor: „Ja."
Ich: „Mein Name ist Frank Bettger von der Fidelity Mutual Life.
Herr Bill Stafford empfahl mir, Sie gelegentlich aufzusuchen,
wenn ich in Ihrer Nähe zu tun hätte. Können Sie sich einige
Minuten mit mir unterhalten, oder wollen wir für später eine
Verabredung treffen?" (Mit diesen Worten übergebe ich ihm die
Empfehlungskarte.)

Connor: „Guter Mann, Sie verschwenden Ihre Zeit! Ich komme für Sie nicht in Frage. Ich bin zu alt dafür, und ich bin froh, wenn ich meine bestehenden Versicherungen aufrecht erhalten kann."

Ich: „Herr Connor, würden Sie Herrn Stafford das Zeugnis eines guten Geschäftsmannes ausstellen?"

Connor: „Aber sicher!"

Ich: „Würden Sie von ihm einen schlechten Rat erwarten?"

Connor: „Auf keinen Fall."

Ich: „Gut. Herr Stafford riet mir, Sie über die Situation zu informieren, in der er und sein Partner sich befanden. Er meinte, auch Ihnen und Ihrem Partner könnte sich dasselbe Problem stellen. Haben Sie genug Vertrauen in Herrn Staffords Ansichten, um mir zehn Minuten zu gewähren, sie Ihnen darzulegen?" Connor: „Natürlich! Erzählen Sie!"

Ich: „Vorerst, Herr Connor, möchte ich Ihnen einige Fragen privater Natur stellen, doch ich möchte betonen, daß darüber niemand ein Wort erfährt. Auf keinen Fall durch mich! Alles, was Sie mir sagen, ist streng vertraulich."

Connor: „Einverstanden."

(Ich wiederhole: Nie greife ich zu meinen Notizen, bevor der Kunde die ersten Fragen beantwortet hat. Sobald ich die Fragen durchgenommen habe und die Zeit abgelaufen ist, erhebe ich mich und sage: „Meine Zeit ist um, möchten Sie noch irgend etwas von mir wissen, Herr Connor?" Hierauf verlasse ich den Kunden so bald wie möglich.)

Ich: „Besten Dank für Ihr Vertrauen, Herr Connor. Ich möchte gerne, daß auch Ihr Partner, Herr Taylor, dabei wäre. Können Sie mir sagen, wann wir einmal zusammensitzen können?"

Connor: „Herr Taylor arbeitet stets auswärts. Er ist selten im Büro, ausgenommen Freitagnachmittag."

Ich: „Könnten wir uns am nächsten Freitag zirka 15 Uhr 30 treffen?"

Connor: „Sagen wir 16 Uhr. Rufen Sie mich aber Freitagvormittag noch an!"
Ich: „Sehr gut. Besten Dank!"

Szene 2

Telefongespräch am Freitagvormittag

Ich: „Herr Connor?"
Connor: „Ja."
Ich: „Hier spricht Frank Bettger, der Freund Bill Staffords. Geht unsere Vereinbarung für heute Nachmittag in Ordnung?"
Connor: „Oh, Herr Bettger... ich... eh... ich habe mit Herrn Taylor gesprochen, doch er sieht keinen Sinn darin, viel Zeit mit Gesprächen über Versicherungen zu verlieren, die doch nicht in Frage kommen. Wir sind sehr beschäftigt, und wir möchten nicht über Dinge sprechen, die uns nicht im geringsten interessieren."
Ich: „Herr Connor, Sie sind doch interessiert an Ihrem Unternehmen, nicht wahr?"
Connor: „Gewiß."
Ich: „Nun, gerade deshalb möchte ich mit Ihnen sprechen — es handelt sich um Ihren Betrieb! Sie waren so freundlich, mir einige Informationen zu geben. Diese erhellen eine Situation, die von Ihnen und Herr Taylor sorgfältig überprüft werden sollte."
Connor: „Aber alles in allem wollen Sie uns doch einfach eine Versicherung verkaufen, nicht wahr?"
Ich: „Herr Connor, ich möchte eines ganz klar stellen: Nach unserer Unterredung heute nachmittag werde ich weder Sie noch Herrn Taylor zum Abschluß einer Versicherung auffordern. Sie

stehen einem Problem gegenüber, für das ich Ihnen zwei Lösungen vorzuschlagen habe, das ist alles."
Connor: „Wieviel Zeit werden wir dafür benötigen?"
Ich: „Das hängt von Ihnen ab. Ich brauche eine Viertelstunde, um Ihnen meinen Plan darzulegen."
Connor: „Gut, dann kommen Sie um 16 Uhr 40."
Ich: „Abgemacht."

Szene 3

Unterredung am Freitagnachmittag

Herr Connor stellte mich seinem Partner, Herrn Taylor, vor, und wir setzten uns. Ohne weitere Einleitung übergab ich jedem ein sorgfältig geheftetes Exemplar des Planes, während ich einen Durchschlag für mich behielt. Schweigsam lasen wir das Dokument durch.

CONNOR & TAYLOR
Plan zur Sicherung des Unternehmens

Der folgende Plan scheint uns die beste Methode zu sein, den Fortbestand und die Entwicklung Ihres Unternehmens zu sichern.
Sie, Herr Connor und Herr Taylor, können zu Lebzeiten ohne Zweifel bessere und gerechtere Abmachungen treffen als dies Ihren Witwen und Kindern oder deren Vertretern möglich wäre.
Das Gesetz über geschäftliche Partnerschaften sieht vor, daß der Tod eines Beteiligten die Teilhaberschaft beendet. Wenn keine besonderen Abmachungen bestehen, fällt jede Partnerschaft mit dem Tode eines Beteiligten dahin.

Ihr Unternehmen hat sich seit seiner Gründung im Jahre 1927 stark entwickelt. Sie arbeiten auf Grund einer Teilhaberschaft, doch es bestehen keinerlei Abmachungen, was nach dem Tode eines Partners zu geschehen hat. Diese Situation ist nicht ungewöhnlich. Es kommt oft vor, daß zwei und mehrere Männer einander Vertrauen schenken, wie dies bei Ihnen der Fall ist. Aber diese Situation ist gefährlich.

Wir schlagen Ihnen darum vor, sofort eine Abmachung zu treffen, zu welchen Bedingungen der überlebende Partner den Anteil des Verstorbenen übernehmen kann. Der Verkaufspreis sollte Teil des Vertrages sein, wobei er von Zeit zu Zeit neu festgesetzt werden kann, je nach dem Stand des Unternehmens. Außerdem sollten beide Partner Lebensversicherungen abschließen, damit jeder Anteil möglichst voll gedeckt ist.

Wenn die Anteile durch Lebensversicherungen nicht voll gedeckt werden können, sollte der überlebende Teil die Möglichkeit haben, die Differenz in einer bestimmten Zeit durch Raten zu amortisieren.

Eine solche Vereinbarung beläßt die Kontrolle des Unternehmens dort, wo sie sein muß. Der überlebende Partner kann ohne Sorgen oder Bedrängungen weiterarbeiten, zu den Bedingungen, die er mit seinem Teilhaber noch zu Lebzeiten in voller Freiheit vereinbart hat. Außenseiter haben keine Möglichkeit, sich einzuschalten. Der Verkaufspreis und alle anderen Fragen sind festgelegt, und das Geschäft kann unbehindert weiterlaufen. Der überlebende Partner hat die Möglichkeit, jüngere Kräfte beizuziehen und damit den Fortbestand des Unternehmens zu sichern.

Die Witwe und die Kinder des Verstorbenen erhalten einen fairen und sofortigen Preis für ihre Interessen am Geschäft; ihre Existenz wird dadurch garantiert. Geschäftliche oder juristische Sorgen und Streitigkeiten werden von ihnen ferngehalten. Auseinandersetzungen zwischen der Familie des Verstorbenen und dem überlebenden Partner sind ausgeschlossen.

Dieser Plan wird allgemein als die beste Möglichkeit bezeichnet, den Bestand eines Unternehmens zu sichern. Immer mehr führende Firmen des Landes handeln nach dieser Methode. Da die aktiven Partner allein darüber entscheiden, besteht kein Grund daran zu zweifeln, daß seine Realisierung auch den Fortbestand und die erfolgreiche Entwicklung der Firma Connor & Taylor sichern würde.

Nachdem die beiden Herren den Plan durchgelesen hatten, blickten sie mich an und warteten auf meine Worte. Doch ich wartete auf die ihren.

Taylor: „Was meinen Sie, Herr Bettger, wenn Sie sagen, der Tod eines Teilhabers würde die Partnerschaft auflösen? Könnten die Überlebenden nicht einfach das Geschäft weiterführen?"

Ich: „Nur wenn ein schriftlicher Vertrag alle Probleme regelt, die durch das Ableben eines Partners auftauchen können."

Taylor: „Welche ‚Probleme' meinen Sie damit?"

Ich: „Tote können keine Partner mehr sein. Unmittelbar nach dem Tod eines Partners sind die Überlebenden vollauf mit den Problemen beschäftigt, die sich nun stellen. Es muß ein Inventar aller Werte aufgenommen werden, die dem Unternehmen gehören: Maschinen, Vorräte, Material, Werkzeuge, Mobiliar usw. Bis zum Tage seines Todes hat der Verstorbene ein Gehalt bezogen; seine Angehörigen können jedoch nicht mehr mit weiterer Lohnzahlungen rechnen, und die überlebenden Partner haben kein Recht, irgendwelche Zahlungen zu machen, bis die Dinge geregelt sind. Dadurch ergeben sich sofort Unzulänglichkeiten, Streitigkeiten und Schlimmeres."

Connor: „Hat die Firma Stafford Bros. ein solches Abkommen getroffen?"

Ich: „Gewiß, darum hat mich ja Herr Stafford zu Ihnen gesandt!"

Taylor: „Ich könnte aber bei meiner Bank jederzeit soviel Geld aufnehmen, um Herrn Connors Anteile aufzukaufen."

Ich: „Das mag sein, Herr Taylor, doch wenn Sie es tun, müssen Sie der Bank erstens das Darlehen zurückzahlen und es zweitens noch verzinsen! Nicht wahr?"

Taylor: „Das stimmt..."

Ich: „Gut, dann wollen wir einmal den Plan kurz besprechen. Herr Connor schätzt seine Interessen auf 60 000 Dollar. Stirbt er, so müssen Sie 60 000 Dollar bei der Bank aufnehmen. Nehmen wir an, die Bank sei mit einer Rückzahlung von jährlich 10 000 Dollar einverstanden. In diesem Fall haben Sie jährlich 10 000 Dollar zu amortisieren plus Zins. Dabei werden Sie feststellen, daß es Ihnen Mühe macht, diese 10 000 Dollar aufzubringen, denn wenn Herr Connor ausfällt, müssen Sie einen neuen Mitarbeiter einstellen, der Sie — sagen wir — 6000 Dollar im Jahr kostet. Ihr erhöhtes Einkommen von rund 20 000 Dollar wird auch erhöhte Steuern rufen. Wenn Sie also der Bank 10 000 Dollar zurückzahlen müssen, und wenn Sie die hohen Steuern berücksichtigen, bleibt Ihnen fast nichts mehr übrig."

Taylor: „Welchen anderen Weg können wir beschreiten?"

Ich: „Wenn Sie eine Lösung treffen könnten, bei der Sie nur Zinsen, aber kein Kapital zurückzahlen müssen, wäre das doch sicher ein gutes Geschäft!"

Taylor (skeptisch): „Was meinen Sie damit?"

Ich: „Folgendes: Sie beide sollten einen Teilhabervertrag, verbunden mit Lebensversicherungen, abschließen. Stirbt ein Partner, so garantiert die Versicherung sofort das nötige Geld, um das Abkommen zu realisieren — ohne daß Sie je eine Einlage machen. Praktisch zahlen Sie dafür nichts als den Zins!"

Connor: ‚Und wie hoch wäre dieser?"

Ich: „Nur 3,5 Prozent."

Connor: „3,5 Prozent wovon?"

Ich: „Sie schätzen Ihre Einlage auf 60 000 Dollar. Wenn Sie den vollen Wert beider Einlagen, also total 120 000 Dollar zu 3,5 Prozent verzinsen, dann macht dies 4200 Dollar."

Connor: „Das bringen wir nicht auf!"

Ich: „Warum nicht?"

Connor: „Wir haben das Geld nicht dazu!"

Ich (nach einer kleinen Pause): „Gibt es außerdem noch einen andern Grund, der Sie davon abhält, Herr Connor?"

Connor: „Nein, wir können uns das einfach nicht leisten."

Ich: „Ich bin froh, daß Sie darauf zu sprechen kommen. Sie werden überrascht sein, wie wenig Sie dieser Plan in Tat und Wahrheit kostet. Sie zahlen diesen Betrag nicht aus Ihrer Tasche, es handelt sich dabei lediglich um ein buchhalterisches Problem. Alles, was nötig ist, besteht in der Verlagerung eines Teils Ihres Bankkontos auf Ihr Versicherungskonto. Der Nutzen zeigt sich sofort: Ihr Kredit steigt, denn Banken und Kreditoren wissen nun, daß die Firma Connor & Taylor nicht durch den Tod eines Partners aus der Bahn geworfen wird. Außerdem bedeutet jede Jahresprämie ein gut angelegtes Sparkapital, das Sie mit Sicherheit und Genugtuung erfüllen wird."

Connor: „Gut, Herr Bettger, wir wollen uns die Sache überlegen, und wenn wir zu einem Entschluß kommen, werden wir Sie benachrichtigen."

Ich: „Herr Connor, Sie erinnern sich, daß ich Ihnen versprach, ich würde nach unserer Unterredung nicht auf den Abschluß einer Versicherung drängen. Ich möchte Ihnen nur helfen, Ihr Problem so gut wie möglich zu lösen. Es ist doch Ihr fester Wille, daß Herr Taylor die Kontrolle über die Firma behält, wenn Ihnen etwas zustoßen sollte, nicht wahr?"

Connor: „Bestimmt."

Ich: „Und Sie, Herr Taylor, wollen auch nichts anderes, als daß Herr Connor die Firma weiterführen kann, falls Sie sterben sollten?"

Taylor: „Gewiß, meine Frau versteht nichts von Geschäften."

Ich: „Dann brauchen Sie sich die Frage also gar nicht mehr zu überlegen."

190

Taylor: „Eigentlich nicht."

Ich: „Herr Connor, sind Sie einverstanden, daß ich mit Herrn Taylor über jene Zahlen spreche, die Sie mir letzte Woche anvertraut haben?"

Connor: „Gewiß, wir haben keine Geheimnisse."

Ich: „Sie sagten mir offen, daß Ihre Frau im Falle Ihres Todes 300 Dollar monatlich benötige. Sind Sie immer noch dieser Ansicht?"

Connor: „Natürlich!"

Ich: „Sie brauchen sich das nicht mehr zu überlegen, nicht wahr?"

Connor: „Nein."

Ich: „Sie waren außerdem der Ansicht, Sie könnten sich mit 65 nicht zurückziehen, wenn Sie nicht monatlich über 350 Dollar verfügten?"

Connor: „Ich wüßte nicht, wie ich mit diesem Betrag heute auskommen sollte!"

Ich: „Gut. Wenn Sie und Herr Taylor nun ganz einfach einen gewissen Betrag von Ihrem Bankkonto auf Ihr Versicherungskonto transferieren, dann wälzen Sie mit einem Schlag das ganze Risiko auf die Versicherungsgesellschaft ab! Einzig und allein durch eine buchhalterische Transaktion lösen Sie Ihr Problem auf eine einzigartige Weise... die Geschichte hat nur einen Haken..."

Connor: „Welchen?"

Ich: „Ich weiß nicht, ob ich den Antrag durchbringe. Zweifeln Sie daran, daß Sie die ärztliche Untersuchung gut bestehen werden...?"

Connor: „Nun, ich habe seit Jahren keine Versicherung mehr abgeschlossen, doch ich glaube, daß ich angenommen würde. Ich war bisher nie krank."

Ich: „Und Sie, Herr Taylor?"

Taylor: „Ich glaube kaum, daß ich irgendwelche Schwierigkeiten haben würde."

Ich: „Gut. Dann sind die folgenden vier Punkte zu erledigen: *erstens* die ärztliche Untersuchung. Sollten Sie nicht versicherungsfähig sein, müßte eine andere Lösung über Ihre Bank gefunden werden. Der *zweite* Schritt besteht in der Festlegung des Firmenwertes. Der *dritte* Punkt besteht in der Fixierung des zu versichernden Betrages. An *vierter* Stelle kommt der Vertrag selbst. Dieser benötigt meist ziemlich viel Zeit, denn Anwälte arbeiten bekanntlich nicht sehr schnell. Packen wir den ersten Punkt an, um vorerst einmal zu sehen, ob Sie beide inwendig so gesund sind, wie Sie aussehen. Wie wäre es morgen? Ich könnte Dr. Dervoort am Vormittag um 10 Uhr 15 zu Ihnen senden. Würde Ihnen dies passen?"

Taylor: „Nun, ich denke, Herr Connor und ich sollten schon noch einmal darüber reden..."

Ich: „Ganz richtig, aber zuerst sollten wir einmal prüfen, ob Sie überhaupt angenommen werden können, nicht wahr?"

Connor: „Einen Moment... Morgen ist Samstag. Ich werde hier sein morgen vormittag... und du Howard?"

Taylor: „Ich auch."

Beide Männer wurden angenommen, und ich versicherte jeden für 60 000 Dollar. Die ganze Jahresprämie von 4 190 Dollar wurde hinterlegt, trotzdem ihnen die 120 000 Dollar als eine märchenhaft hohe Lebensversicherung erschienen.

Immer, wenn mir ein schwieriger Abschluß gelingt, muß ich an Billy Walker denken, als er sagte:

„Wenn jemand Einwände vorbringt, heißt das noch lange nicht, daß er nicht kaufen will. Er bringt damit lediglich zum Ausdruck, daß wir ihn noch nicht überzeugt haben. Wir haben noch nicht genug Argumente vorgebracht, um seine Kauflust zu wecken."

Die Analyse des Connor-Taylor-Verkaufs

Bitte beachten Sie, daß ich im Rahmen dieses Verkaufs rund 35 Fragen stellte. Jede Frage schießt direkt auf das Ziel, und dieses Ziel heißt nie und nimmer „Versicherung". Diese Methode eignet sich für *alles*, was man verkaufen kann. Diskutiert man mit einem Menschen ein lebenswichtiges Problem, so ist er ohne weiteres bereit, alle damit zusammenhängenden Fragen offen zu besprechen, die eine positive Lösung näherrücken.

Connor und Taylor hatten absolut kein Interesse an einem Gespräch über Versicherungen, doch sie waren über alle Maßen interessiert, als ich ihnen den Weg zeigte, ihr Problem zweckmäßig zu lösen. Ich zeigte ihnen dabei zwei Lösungen und ließ ihnen die Wahl.

Diese 35 Fragen haben sozusagen eine magische Wirkung, denn sie haben sich bei meinen Verkaufsgesprächen hundertfach bewährt.

Auch Sie können damit mitten ins Ziel treffen, auch wenn Sie andere Dinge verkaufen als Versicherungen!

Fünfundzwanzig dieser Fragen sind von *grundlegender Bedeutung*. Dafür ein Beispiel:

Nehmen wir an, Sie hätten Eisenwaren zu verkaufen und würden Haushaltungsgeschäfte besuchen. Die Adresse eines Geschäftes wurde Ihnen von einem andern Kunden mitgeteilt.

Sie: „Herr D?"

Er: „Ja."

Sie: „Mein Name ist J von der Eisenwaren-AG. Ihr Kollege, Herr X, hat mir empfohlen, Sie bei nächster Gelegenheit aufzusuchen. Da ich gerade in der Gegend zu tun habe, möchte ich fragen, ob Sie einige Minuten Zeit haben. Oder wäre es Ihnen lieber, wenn ich zu einem späteren Zeitpunkt wiederkäme?"

(Mit diesen Worten übergeben Sie Ihre Empfehlungskarte.)

Er: „Du lieber Himmel, Herr J; mit mir verlieren Sie nur Ihre

Zeit! Ich beziehe meine Artikel seit vielen Jahren von der Samson AG und meine Lager sind vollkommen aufgefüllt, so daß ich ohnedies nichts zukaufen möchte."

Sie: „Herr D, Sie halten doch Herrn X für einen guten Geschäftsmann, nicht wahr?"

Er: „Sicher."

Sie: „Würden Sie ihm einen schlechten Rat zutrauen?"

Er: „Ich glaube nicht."

Sie: „Nun, Herr X, riet mir, Ihnen zu erzählen, wie er im letzten Monat 20 neue Kunden gewinnen konnte, weil er einen neuen Artikel, den wir kürzlich herausbrachten, aufgenommen hat. Er bat mich, Ihnen zu berichten, wie er es angestellt hat, und er ist der Meinung, auch Sie würden damit Erfolg haben. Haben Sie genug Vertrauen in seine Meinung, um mir einige Minuten zu opfern?"

Er: „Ja, erzählen Sie!"

Ich habe hier nur die ersten vier Fragen angewandt. Sie werden herausfinden, daß es viel Vergnügen, Anregung und Nutzen bietet, wenn Sie alle Fragen systematisch durchgehen und sie auf Ihr eigenes Geschäftsgebiet abwandeln.

Das Geheimnis, Abmachungen zu treffen

In Szene 2 werden Sie feststellen, daß mich Herr Connor loswerden wollte, indem er versuchte, mich in eine Diskussion zu ziehen. Er sagte: „Aber alles in allem wollen Sie uns doch einfach eine Versicherung verkaufen, nicht wahr? — Ich antwortete: „Herr Connor, ich möchte eines ganz klar machen: im Anschluß an unsere Unterredung werde ich keinen Versuch unternehmen, Ihnen eine Versicherung zu verkaufen. Sie stehen einem Problem gegenüber, und ich werde Ihnen dafür zwei Lösungen vorschlagen."

Hier liegt der kritische Punkt!
Ganz abgesehen davon, was Sie vertreten, sind Sie verloren,
wenn Sie von allem Anfang an durchblicken lassen, daß Sie nur
etwas verkaufen wollen. Die Chancen, eine entscheidende Verabredung zu treffen, sinken auf den Nullpunkt. Noch heute muß
ich mich immer wieder beherrschen, damit ich am Telefon nicht
in ein Verkaufsgespräch falle. Man muß sich an diesem Punkt
einzig und allein darauf konzentrieren, eine Verabredung zu
„verkaufen".

33.

Wie man den richtigen Mann trifft

Als ich an einem Freitagvormittag meinen kommenden Wochenplan zusammenstellte, wollte ich einen Bekannten anrufen, mußte aber erfahren, daß er nach Florida verreist war. Kurz nachdem
er zurückgekehrt war, lud ich ihn zum Mittagessen ein.
Als ich ihn traf, sah er sehr gut und sonnenverbrannt aus, und
er erzählte mir begeistert von seiner Reise. Zusammen mit einem
alten Freund und ihren Frauen hatte er diese Ferienreise unternommen, und ich hörte seiner Schilderung mit Interesse zu.
Schließlich sagte ich: „Jack, erzähl mir bitte etwas mehr über
deinen Freund."
Es stellte sich heraus, daß es sich um den Verkaufsdirektor eines
gutgehenden Geschäftes handelte. Vor 10 Jahren hatte er mit der
Firma ein Abkommen getroffen, wodurch er die Möglichkeit gewann, 25 Prozent des Aktienkapitals zu einem vernünftigen
Preis zu erwerben, den er nach und nach aus seinem Gewinnanteil amortisieren konnte. Jack sagte mir, Lou gehöre zu den
wichtigsten Männern des Unternehmens.
Ich sagte: „Das ist ein Mann, mit dem ich gerne sprechen würde."
Und Jack unterzeichnete eine meiner Empfehlungskarten.
Am andern Tag, als ich die Karte übergab, sagte ich: „Herr Bell,
kennen Sie diesen Mann?"
Er betrachtete die Unterschrift Jacks lächelnd und sagte: „Über
was wollen Sie mit mir sprechen?"

„Über Sie!" sagte ich freundlich.

„Wieso über mich?" fragte er.

„Herr Bell, ich bin Versicherungsmann. Jack dachte, ich sollte einmal mit Ihnen sprechen. Ich weiß aber, daß Sie sehr beschäftigt sind. Haben Sie einige Minuten Zeit oder soll ich ein andermal vorbeikommen?"

Ich hörte hierauf die üblichen Einwände: Er habe bereits genug Versicherungen usw., usw.

Ich sagte: „Herr Bell, ich möchte nicht den Eindruck erwecken, als ob mir Jack nach Ihrer gemeinsamen Reise private Dinge über Sie erzählt hätte, doch er war so begeistert über Ihre beruflichen Erfolge, daß er mir riet, gelegentlich bei Ihnen vorzusprechen. Haben Sie jetzt einige Minuten Zeit?"

„Fangen Sie an!" sagte er höflich.

Ich ging schnell meine Fragen durch und sagte dann: „Nun, meine fünf Minuten sind um. Möchten Sie mich sonst noch etwas fragen, Herr Bell?"

„Nein", sagte er, „ich glaube, Sie haben alles erfahren, was Sie brauchen."

Als ich aufstand, sagte ich: „Herr Bell, wie haben Sie eigentlich hier angefangen?"

Er wurde sofort aufgeschlossener und erzählte mir die ganze Geschichte, wie er aus seinem Gehalt und Gewinnanteil die 25 Prozent des Aktienkapitals erworben hatte.

Ich hörte ihm aufmerksam zu und machte ihn dann auf die Möglichkeiten aufmerksam, die bei seinem Tod eintreten könnten. Spielte er nicht eine so bedeutende Rolle, daß das Geschäft dadurch ernsthaft gefährdet würde? Würde nicht die Lohnzahlung an seine Familie sofort eingestellt werden? Bestand nicht die Möglichkeit, daß seine Angehörigen aus dem Geschäft überhaupt nichts mehr erhalten könnten? Wäre dies fair? Hätte er dann nicht umsonst 10 Jahre lang hart gearbeitet, um aus seinem Einkommen die Anteile abzuzahlen?

Ich fragte ihn, ob es nicht ein guter Entschluß wäre, wenn die Firma sein Leben in der Höhe seiner Einlage versichern würde, so daß bei seinem Tod der Betrag sofort an seine Familie ausbezahlt werden könnte.

Er war mit einer ärztlichen Untersuchung einverstanden, und nachdem er sie erfolgreich bestanden hatte, ließ ich mir von der Versicherung die Einwilligung für eine Police von 100 000 Dollar geben und besuchte den Präsidenten des Verwaltungsrates.

Ich sagte: „Es war sehr klug, Herrn Bell 25 Prozent des Aktienkapitals zu verkaufen, doch ich frage mich, ob es ebenso klug wäre, wenn diese Anteile nach seinem Tode in den Händen seiner Frau und der unmündigen Kinder blieben. Dies könnte allerlei Schwierigkeiten hervorrufen, und außerdem nehme ich an, die Gesellschaft könnte diese Aktien selber brauchen, um einen neuen Teilhaber aufzunehmen. Haben Sie nicht herausgefunden, daß der richtige Mann oft nicht mit Kapital gesegnet ist? Wäre der Anteil Bells nicht sehr willkommen, um einen neuen, tüchtigen Mann ins Geschäft zu nehmen und ihm die Möglichkeit zu geben, den Anteil durch eine Gewinnbeteiligung aufzukaufen?"

Der Präsident sagte, der Betrieb sei angesichts der hohen Steuern und Löhne nicht in der Lage, für Versicherungen noch weitere Beträge auszugeben.

„Das ist gerade der Grund, warum ich Ihnen diesen Plan unterbreite!" sagte ich...

...nachdem ich einen Check für 3 487 Dollar erhalten hatte, verließ ich zusammen mit Herrn Bell das Haus. Er war begeistert und sagte: „Sie wissen gar nicht, was Sie da fertig gebracht haben! Ich hätte nie gedacht, daß mein Chef so tief in die Tasche greifen würde!"

Ich habe immer wieder festgestellt, daß man oft relativ leicht zu bedeutenden Abschlüssen kommen kann, wenn es gelingt, den Mann in der Schlüsselposition eines Betriebs herauszufinden. Ich rede mit ihm allein und bitte ihn, nicht mit andern Leuten

198

über meinen Plan zu sprechen. Meistens besitzt ein Partner die Mehrheit der Anteile, der andere die Minderheit. Beide haben ihre spezifischen Interessen, und es ist dann meine Aufgabe, ihnen gerecht zu werden und sie zu koordinieren. Später gelingt es mir dann in vielen Fällen, noch zusätzliche, individuelle Policen abzuschließen.

34.

Er wollte nichts von einem Vertreter wissen — doch ich schloß 137000 Dollar ab

Nachdem ich einst einem erfolgreichen Geschäftsmann für einen Check auf eine respektable Police dankte, sagte ich: „Herr Williams, erinnern Sie sich, wie ich das erste Mal zu Ihnen kam?"

„Ja", sagte er, „Ray Kroll schickte Sie!"

„Und haben Sie es bedauert, daß er mich empfohlen hat?" fragte ich lächelnd.

„Nein", sagte er.

„Ich weiß, daß Sie mit den größten Geschäftsleuten dieser Stadt in Verbindung stehen. Würden Sie zögern, mich vorzustellen, wenn jetzt einer davon Ihr Büro beträte?"

„Natürlich nicht", sagte er.

„Würde es Ihnen etwas ausmachen, mir einige Namen zu geben, damit ich diese Herren gelegentlich besuchen kann, so wie mich Ray Kroll bei Ihnen empfohlen hat?"

„Das möchte ich lieber nicht", sagte er. „Ich bin Verkäufer wie Sie — und diese Leute sind meine Kunden, und ich glaube kaum, daß sie es schätzen würden, wenn ich ihnen noch andere Verkäufer ins Haus schicke!"

„Ich verstehe Ihre Bedenken", sagte ich, „doch ich mache Ihnen einen andern Vorschlag. Geben Sie mir irgendwelche Namen von Männern unter fünfzig, und ich werde Ihre Person nie erwähnen!"

Lachend sagte er: „Gut, aber sagen Sie kein Wort von mir! Besuchen Sie Henry Krauss. Er fabriziert Strickwaren, und vielleicht lohnt es sich, aber ich warne sie: er ist ein ziemlich grober und ungebildeter Immigrant, aber er verfügt über einen genialen Geschäftssinn. Krauss ist 42 Jahre alt, verheiratet und Vater von drei kleinen Kindern. Ich weiß zufällig, daß er noch keine Versicherung hat, ja er weigert sich, Versicherungsleute überhaupt zu empfangen."

Am nächsten Tag suchte ich Herrn Krauss unangemeldet auf. Eine Sekretärin öffnete den Schalter ein wenig und sagte: „Herr Krauss ist sehr beschäftigt. Wen soll ich melden?"

„Sagen Sie, Herr Bettger sei hier. Ein Freund von Herrn Krauss habe ihn gebeten, kurz bei ihm vorzusprechen."

Wenige Minuten später steckte ein unwillig aussehender Mann den Kopf durch den Schalter. Es konnte sich nur um Herrn Krauss selber handeln...

Ich: „Herr Krauss, einer Ihrer Bekannten hat mir empfohlen, Sie bei nächster Gelegenheit einmal aufzusuchen, doch er bat mich, seinen Namen nicht zu nennen. Können Sie sich fünf Minuten frei machen, oder soll ich später vorbeikommen?"

Krauss (mit starkem Akzent): „Was wollen Sie?"

Ich: „Ich weiß es nicht."

Krauss: „Wie? Was meinen Sie?" (Er schien überrascht zu sein.)

Ich: „Ihr Freund sagte, ich könnte Ihnen vielleicht behilflich sein, doch ich kann dies nicht beurteilen, ohne Ihnen einige Fragen zu stellen. Kann ich eintreten?"

Krauss schloß den Schalter vor meiner Nase und ich sah ihn durch eine Flügeltüre verschwinden. Ich wartete einige Minuten und wollte mich bereits entfernen, als sich die Türe des Notausgangs öffnete. Heraus trat Krauss mit unbeweglichem Gesicht. Er stellte sich vor mich hin und sagte kein Wort.

Ich: „Herr Krauss, mein Name ist Bettger. Ich bin Versicherungsmann, doch ich will Ihnen heute nichts verkaufen. Ich möchte Sie nur kennenlernen, denn es ist mir nicht möglich, an der Farbe Ihrer Augen oder Haare Ihre Situation zu beurteilen." (Hierauf folgte mein übliches Annäherungsgespräch. Als ich nochmals fragte, ob ich ihm einige Fragen stellen dürfte, brauste er los...)

Krauss: „Ich will keine Versicherung, und wenn ich eine wollte, hätte ich einen guten Freund in meinem Bekanntenkreis, der sich ebenfalls damit befaßt."

Ich: „Wie hoch ist die Police, die Sie bei Ihrem Freund kaufen würden?"

Krauss: „Ich kaufe überhaupt keine!"

Es entstand eine Pause von nahezu einer Minute. Hatte dieser Mann überhaupt ein Hirn in seinem Kopf? Doch ich erinnerte mich, daß mir gesagt wurde, er sei ein Genie, und ich tat mein Bestes, um ihn freundlich anzusehen. Ich versuchte es mit einigen weiteren Fragen. Ich: „Herr Krauss, wie haben Sie eigentlich mit diesem Geschäft angefangen?"

Wieder einmal taute die Frage das Eis. Während ich ihn von Zeit zu Zeit etwas zum Weitersprechen ermunterte, hörte ich die faszinierendste Geschichte meiner ganzen Laufbahn:

... Krauss wurde in Deutschland geboren. Im Alter von zehn Jahren hatte er beide Eltern verloren und er mußte sein Brot selber verdienen. Später trat er in die Deutsche Marine ein. Schließlich kam er nach Amerika, erhielt eine Stelle in einer Fabrik und wohnte bei einer älteren, verheirateten Schwester. Nachts arbeitete er in einem Keller an Verbesserungen der Maschine seines Arbeitgebers. Für jede neue Erfindung, die er machte, erhielt er einen Dollar mehr Wochenlohn! Er verließ die Firma und begann für sich zu arbeiten — in einem ungeheizten Haus, welches seit Jahren leer stand.

Mit Interesse hörte ich seiner spannenden Erzählung zu. Noch jetzt arbeitete er täglich 16 Stunden, und je länger er erzählte, um so mehr geriet er selbst ins Feuer. Ein Bankier, der ihm einmal ein Darlehen von 300 Dollar verweigerte, hatte ihn kürzlich — nur wenige Jahre später; in seiner sich rasch vergrößernden Fabrik besucht und ihm ein solchen von 300 000 offeriert!

„Herr Krauss", sagte ich, „das ist eine wundervolle Geschichte! Und Sie haben trotzdem Zeit gefunden, zu heiraten?"

Zum ersten Mal zeigte sein Gesicht ein kleines Lächeln, als er sagte: „Sicher — ich habe drei kleine Kinder."

„Das freut mich!" sagte ich mit aufrichtiger Bewunderung für den Mann, „ich möchte sie gerne einmal sehen, wie alt sind sie?"

Sofort zog er ein Papier aus der Tasche und zeichnete mir den Weg ein, den ich einschlagen mußte, um ihn gelegentlich an einem Abend zu besuchen. Seine Frau, so erzählte er, habe ihm früher die Buchhaltung besorgt, doch nachdem sich die Familie vergrößert habe, komme sie nicht mehr ins Büro.

Ich: „Und was sind Ihre Pläne, Herr Krauss?"

Krauss: „Ich kaufe ein neues Gebäude. Wir sind hier zu eng, und das Haus ist ungeeignet für eine Fabrik."

Ich: „Haben Sie schon etwas abgeschlossen?"

Krauss: „Bis jetzt nicht."

Ich: „Kaufen Sie das Haus selber?"

Krauss: „Wir sind nun eine Aktiengesellschaft; sie wird das Haus kaufen."

Ich: „Besitzt Ihre Frau Vermögen?"

Krauss: „Nein, gar nichts."

Ich: „Sagten Sie nicht, sie habe Ihnen bei der Arbeit geholfen?"

Krauss: „Das stimmt, aber die Behörden haben mir verboten, ihr einen Lohn zu zahlen."

Ich: „Haben Sie jemals ihren Anteil an der Partnerschaft aufgekauft?"

Krauss: „Nein."

Ich: „Gut, und warum zahlen Sie ihr nicht, was Sie ihr für ihre Mitarbeit schulden? Mit diesem Geld könnte Ihre Frau das neue Haus kaufen und Besitzerin sein. Mit der Miete kann sie die Hypotheken amortisieren, die Feuerversicherung und den Unterhalt des Hauses bestreiten. Ihre Frau kann auch sämtliche Lebenskosten der Familie bezahlen und Ihr Leben so hoch versichern, daß sie nach Ihrem Tode keine Sorgen haben wird."

Ich war überrascht, wie schnell dieser Mann, den ich zuerst als geistig schwerfällig eingeschätzt hatte, meine Ideen begriff.

Er wurde vom Arzt untersucht, und ich ließ mir von der Versicherung den maximalen Versicherungsbetrag bestätigen.

Später erfuhr ich, daß er am gleichen Tag meine Vorschläge mit seiner Bank besprach und sie Punkt für Punkt verwirklichte. Seine Frau versicherte ihn für 75 000 Dollar und hinterlegte die Police bei der Bank, welche das neue Gebäude mit 75 000 Dollar belehnte.

Ich besuchte ihn zu Hause und verlebte mit seiner hübschen Frau und seinen drei Kindern — einem Knaben und zwei Mädchen — einen angeregten Abend.

Einige Tage später rief ich ihn erneut an und sagte ihm, ich möchte etwas mit ihm besprechen.

Dies war der Anfang einer Entwicklung, die zu einem Abkommen mit seiner Bank führte, die sich zusammen mit seiner Frau am Unternehmen beteiligte, wobei der wichtigste Mann des Betriebes miteinbezogen wurde. Der Plan sah auch eine Aufnahme des Sohnes ins Geschäft vor. Sollte der Vater sterben, so würde der Angestellte die Ausbildung des Sohnes überwachen, damit er später einmal das Geschäft übernehmen könnte. Der ganze Plan wurde durch Lebensversicherungen in der Weise gedeckt, daß der Sohn eines Tages seine Mutter und seine Schwestern auszahlen konnte.

Vater Krauss nahm den „Vater-Sohn-Plan" so ernst, daß er seinen Jungen oft schon am Montag mit in die Fabrik brachte und mit ihm drei oder vier Tage in der Stadt wohnte, um dann das Wochenende wieder mit der Familie auf dem Lande zu verbringen.

Der Plan wurde von allen Beteiligten als eine gute Sache betrachtet. Vater Krauss starb wenige Jahre später völlig unerwartet, bevor sein Sohn noch die Mittelschule beendet hatte. Doch alles wickelte sich planmäßig und reibungslos ab, wie es vorausbestimmt worden war.

Dieser Plan mag vielleicht etwas außerordentlich erscheinen, doch ich habe in vielen ähnlichen Fällen feststellen können, daß er ausgezeichnet funktionierte. Aus diesem Grunde habe ich auch einen Teil dieses Buches dem Thema gewidmet, wie Geschäftsleute den Fortbestand und die Entwicklung ihrer Unternehmen sichern können.

Analyse dieses Verkaufs

1. Diese Erfahrung zeigte mir erneut, daß es immer besser ist, jemanden zu überschätzen als zu unterschätzen.
2. Die meisten Menschen brauchen Anregungen von außen. Meine stärksten Inspirationen erhielt ich nicht durch große Männer, sondern von Durchschnittsmenschen wie ich selbst einer bin. Indem ich ihr Leben studierte und vernahm, wie sie ihre Schwierigkeiten überwanden, erhielt ich viele wertvolle Anregungen und Ideen. Viele dieser Menschen durchlebten Zeiten der Entmutigung und der Hoffnungslosigkeit, wie dies auch bei mir der Fall war. Ihr Mut und ihre Zähigkeit, der Schwierigkeiten Herr zu werden, hat auch immer wieder mein eigenes Selbstvertrauen gestärkt, so daß ich mir sagte: Auch ich kann es! *Ich kann es!*
3. Ein wesentlicher Bestandteil dieses Verkaufs (und anderer) be-

stand darin, daß Krauss seine Mitarbeiter nicht so behandeln wollte, wie er selbst einmal von seinem Arbeitgeber behandelt worden war. Er war gewillt, für seinen besten Mitarbeiter wirklich etwas zu *tun* — etwas *mehr* als bloß eine Lohnerhöhung von einem Dollar die Woche!

„Teilhaberschaften und Partnerschaften enden oft im Streit, doch ich hatte in dieser Beziehung Glück. Meine Verbindungen verliefen sämtliche nicht schlecht und endeten freundschaftlich, und dies verdanke ich dem Umstand, daß unsere schriftlichen Abmachungen sehr klar und eindeutig waren. Alles, was getan werden mußte, sowie die Pflichten der Partner wurden genau festgelegt, so daß es über gewisse Fragen von vornherein keine Diskussionen mehr gab. Dieses Vorgehen möchte ich allen empfehlen, die eine Partnerschaft eingehen."

BENJAMIN FRANKLIN

So wurde ich zum besseren Verkäufer (5):

Wie es mir gelang, Hemmungen und Angst zu überwinden und Mut und Selbstvertrauen zu gewinnen

Die Entwicklung von Mut und Selbstvertrauen ist für die meisten Menschen von überragender Bedeutung. Mit 29 Jahren war ich davon überzeugt, als Verkäufer restlos versagt zu habe. Es war mir unmöglich, irgendeine Arbeit zu finden, und ich wurde so unsicher und gehemmt, daß ich mich kaum mehr getraute, irgendwo nach Arbeit zu fragen. Ja ich brachte nicht einmal mehr den Mut auf, meiner Frau von meinen Mißerfolgen zu erzählen.

Es wurde mir klar, daß es so nicht weitergehen konnte. Ich ließ mich für einen Dale-Carnegie-Kurs einschreiben, und anfänglich war ich so verängstigt, daß ich dem Kurs wieder den Rücken kehren wollte. Doch irgendwie hielt ich durch — und es ergab sich ein entscheidender Wendepunkt meines Lebens. Es ist mir überhaupt nicht möglich, die Bedeutung dieser Wendung in Worten zu schildern.

Rasch entwickelten sich Mut und Selbstvertrauen. Mein Horizont wurde erweitert, meine Begeisterung wurde wach, und ich lernte, meine Ideen und Pläne anderen Menschen begreiflich zu machen.

Ich überwand den größten Feind, der sich mir je entgegenstellte: die Angst.

Das mag nach Reklame für Carnegie-Kurse klingen, doch das ist nicht meine Absicht. Es geht mir nur um die Feststellung von Tatsachen, und ich werde nie eine Gelegenheit versäumen, meiner Dankbarkeit und Anerkennung für das, was mir der Dale-Carnegie-Kurs bedeutet hat, Ausdruck zu geben.

Ich rate jeder Frau und jedem Mann, die unter Angst und Hemmungen leiden, den *besten* Kurs dieser Art zu besuchen — nicht irgendeinen Redekurs, sondern einen Kurs, in dem jeder Teilnehmer bei jeder Lektion *aktiv* mitwirken muß und zum Sprechen kommt. Denn *das* ist es, was solche Menschen brauchen!

VI. TEIL

Jeder Arbeiter ist seines Lohnes wert

35.
Etwas, das mich mehr Zeit und Energie kostete, als ich dachte

Zwei Vertreter des Y.M.C.A. (Christlicher Verein junger Männer) gelangten an den Präsidenten der Berufsorganisation der Versicherungsvertreter mit der Anfrage, ob es möglich sei, im Rahmen ihrer Organisation einen Kurs über die Arbeit eines Versicherungsvertreters zu erteilen. Der Kurs sollte am Sitz des Vereins, 1421, Arch Street, stattfinden. Bereits war ein ähnlicher Kurs in New York mit großem Erfolg abgehalten worden.

Der Präsident sagte den Mitgliedern, die Idee sei gut und könnte Erfolg haben, wenn es gelinge, den richtigen Kursleiter zu finden, und er gab ihnen den Rat, sich mit dem Vorsitzenden des Bildungsausschusses in Verbindung zu setzen. Dieser hieß zu jener Zeit Frank Bettger.

Als mir der Plan geschildert wurde, begeisterte er mich sofort, und ich versprach, ihn mit den andern Mitgliedern des Ausschusses zu besprechen. Auch diese begrüßten die Idee vorbehaltlos, hatten aber Bedenken, ob es möglich sei, einen Kursleiter zu finden, der bereit war, die nötige Zeit für ein solches Unternehmen zu opfern. Der Kurs sollte an zwei Abenden pro Woche stattfinden und würde viel Arbeit und Vorbereitung verlangen. Das bedeutete für den betreffenden Kursleiter ohne Zweifel einen nennenswerten Verdienstausfall.

Jemand machte den Vorschlag, die Angelegenheit *mir* zu übertragen. Ein Zweiter unterstützte ihn, und schließlich war der ganze Ausschuß dafür — außer mir.

„Einen Moment!" rief ich. „Es ist mir völlig unmöglich...", doch meine Stimme ging im allgemeinen Applaus unter, und der Präsident sagte grinsend: „Frank Bettger wurde einstimmig gewählt!"

Ich hätte natürlich ablehnen können, doch bereits hatten sich 107 Männer und Frauen, die 26 verschiedenen Versicherungen angehörten, gemeldet. Einige davon waren schon 10 bis 20 Jahre im Versicherungsfach tätig, andere hatten soeben damit angefangen.

Ich entschloß mich, den Kurs zu übernehmen. Wir versammelten uns an 40 Abenden während eines Winters. Den Dienstag widmeten wir ausschließlich Fragen des Verkaufs, während wir uns am Freitag mit den Grundlagen der Lebensversicherung befaßten.

Dieser Kurs kostete mich viel mehr Zeit und Energie, als ich geahnt hatte. Mein Umsatz fiel, und das Ganze schien eine schwere Last. Später ergab sich allerdings ein ganz anderes Bild:

1. Während dieser Zeit befreundete ich mich mit Robert P. Koehler, dem Ausbildungsleiter des Y.M.C.A. Nachdem er einigen unserer Abende beigewohnt hatte, wurde ihm bewußt, daß er viel zu wenig versichert war. Dem konnte abgeholfen werden, indem ich ihn für 10000 Dollar versicherte.

2. Später empfahl mich Herr Koehler einem Bekannten, einem 42jährigen, verheirateten Mann mit drei kleinen Kindern — ohne jede Versicherung! Sein Name war Gustav Weber. Ich erfuhr, daß er das zweitgrößte Bauunternehmen der Stadt besaß. Ich versicherte ihn für total 350000 Dollar mit einer Jahresprämie von 11000 Dollar.

3. Im Laufe von drei Jahren machte Gustav Weber infolge unglücklicher Umstände Bankrott. Seine Versicherungen schienen verloren und seine Gläubiger beschlossen, einen Anwalt mit der

Vertretung ihrer Interessen zu betreuen. Sein Name war Nelson West, Stock Exchange Building, 1411, Walnut Street, Philadelphia. Ich besuchte ihn und stellte ihm die Frage, ob seine Klienten an einer Lösung interessiert wären, die ihre Verluste stark vermindern könnte. Ich erzählte ihm, daß ich Gustav Weber für über 300000 Dollar versichert hatte, und daß diese Policen einen Wert darstellten. Würde er mir anläßlich der nächsten Gläubigerversammlung für fünf Minuten das Wort erteilen?

Der Anwalt sagte: „Kommen Sie am nächsten Samstagvormittag 10 Uhr 30 in mein Büro. Ich will sehen, was ich tun kann."

Die Sitzung auf 10 Uhr angesagt worden. Ich traf um 10 Uhr 15 ein und bat die Sekretärin, mich bei Herrn West zu melden. Einige Minuten später wurde ich in sein Büro gerufen. Acht Gläubiger saßen am Sitzungstisch. Herr West sagte: „Meine Herren, ich stelle Ihnen Herrn Bettger vor. Er ist Versicherungsfachmann, und ich habe ihm gestattet, fünf Minuten zu Ihnen zu sprechen, um Ihnen einen Vorschlag zu machen, wie Ihre Verluste vermindert werden könnten."

Niemand bat mich, Platz zu nehmen. So blieb ich stehen und sagte: „Meine Herren, es bestehen 350000 Dollar Versicherungen auf das Leben von Herrn Weber. Er hat bisher zwei Jahresprämien bezahlt, und es ist ihm nicht möglich, die Prämien weiterhin aufzubringen. Die Versicherungen werden innerhalb der nächsten 30 Tage verfallen. Herr Weber ist bestrebt, Ihre Verluste so niedrig wie möglich zu halten, und er ist bereit, diese Policen auf Sie zu übertragen. Wenn Sie noch *eine* Jahresprämie aufbringen, können Sie die Policen nach einem Jahr zurückkaufen, und Sie bekommen jeden Dollar, den Sie ausgelegt haben, zurück, zuzüglich 30 Prozent Gewinnanteil. Stirbt Herr Weber in dieser Zeit, würden Sie den vollen Betrag der Policen erhalten und überhaupt keine Verluste erleiden. Es wird Sie vielleicht interessieren, daß Herr Weber zur Zeit von keiner Versicherung angenommen würde. Er hat in den letzten zwei Monaten rund

25 Pfund abgenommen und macht den Eindruck eines schwerkranken Mannes. Sollte die Situation nach einem Jahr noch nicht klar sein, können Sie die Versicherungen weiterführen. Sie bezahlen eine Jahresprämie, und nach zwei Jahren werden Sie immer noch mehr Geld zurückerhalten, als Sie auslegten."

Einer fragte: „Was kosten 100000 Dollar während eines Jahres?"

Ich sagte: „3000 Dollar."

„Und welche Sicherheiten erhalte ich, wenn ich 100000 übernehme? Muß ich Herrn Webers Einverständnis haben, wenn ich die Police zu irgendeiner beliebigen Zeit zu Geld machen möchte?"

„Nein", sagte ich. „Wenn die Police einmal auf Sie übertragen worden ist, können Sie damit tun und lassen, was Sie wollen, ob Herr Weber lebt oder stirbt."

„Dann übernehme ich 100000", sagte Henry R. Strathmann, der diese Fragen gestellt hatte.

„Und wir übernehmen ebenfalls 100000", sagte Herr Brown, der Kassier der Hajoca Corporation.

Innerhalb fünf Minuten hatten die Gläubiger 300000 Dollar übernommen.

Diese Sitzung war nur der Beginn einer Kettenreaktion, die mir ein weites Tätigkeitsgebiet und viele neue Freundschaften eröffnete. Im nächsten Kapitel werde ich davon nur eine Beziehung schildern, die für mich besonders interessant war.

Die Kurse bei Y.M.C.A., die mich zuerst viel Zeit und Geld zu kosten schienen, erwiesen sich als großer Erfolg. Ich konnte dadurch nicht nur eine Reihe sehr einträglicher Geschäfte abschließen, sondern ich gewann etwas, das weit mehr wert war als Geld: Meine Tätigkeit als Kursleiter entwickelte und förderte meine eigenen Fähigkeiten, die ich im Dale-Carnegie-Kurs erworben hatte. Was ich den 107 Männern und Frauen beibrachte, erwies sich als eine positive Förderung meiner selbst. Es ergab sich daraus eine entscheidende Wendung in meinem Leben: Ich erkannte die Tatsache, daß *Geben* besser ist als *Nehmen*.

Ich habe *beides* erprobt: zu *nehmen* und zu *geben*, doch ich habe erkannt, was Tausende vor mir ebenfalls erkannt haben: *Geben ist stärker als nehmen* — es bedeutet eine neue Lebenshaltung. Ich gewann daraus neue Begeisterung und Selbstvertrauen, mein Auftreten wurde sicherer und meine berufliche Tätigkeit erfolgreicher. Ich verdiente mehr und wurde gesünder und glücklicher.

36.

Zum Teufel damit!

Einer der Gläubiger Gustav Webers gab mir eine Empfehlung an Eduard A. Schmidt, einen bekannten Finanzmann und Bierbrauer. Noch kurze Zeit vorher wäre es mir überhaupt nicht in den Sinn gekommen, einen so einflußreichen Mann aufzusuchen.

Herr Schmidt widmete seiner Brauerei nur die Hälfte seiner Arbeitszeit. Am Vormittag amtierte er als Präsident der Nordwestlichen National Bank.

Er genoß den Ruf eines hervorragenden Organisators. Als ich ihn traf, war ich erstaunt, daß er 69 Jahre zählte, jedoch das Aussehen eines Mannes von fünfzig hatte. Ich wurde in sein Privatbüro geführt; er stand auf, faßte mich scharf ins Auge, so daß ich leicht verlegen wurde und schon befürchtete, ich würde bald unverrichteter Dinge wieder abziehen müssen. Schmidt hatte eine einzigartige Technik entwickelt, um Vertreter in kürzester Zeit loszuwerden.

Ich übergab ihm meinem Empfehlungsbrief. Er laß die Sätze: „Meiner Ansicht nach gehört Frank Bettger zu den besten Versicherungsfachleuten Philadelphias...", faltete dann den Brief wieder zusammen, übergab ihn mir und drückte einen elektrischen Kontakt auf seinem Pult. Ich fiel fast in Ohnmacht, als ich hinter seinem Kopf an der Wand in 30 Zentimeter hohen Buchstaben eine Neonschrift in roter Farbe aufblitzen sah:

Zum Teufel damit!

Hierauf tat ich etwas, das mich vermutlich vor einem endgülti-
gen Hinauswurf bewahrt hat: ich lachte dermaßen unbeherrscht
und anhaltend, bis ich bemerkte, daß auch Herr Schmidt sich
darüber amüsierte. Dann sagte ich: „Herr Schmidt, es ist mir
bewußt, daß Sie ein sehr beschäftigter Mann sind. Würden Sie
mir exakt 5 Minuten gewähren?"
Ich brachte mein übliches Einführungsgespräch an und fragte
ihn, ob er mir einige Fragen beantworten würde. Ich erhielt
mehr Angaben, als er vermutlich je einem Vertreter gemacht hatte.
Diese Informationen ermöglichten es mir, ihm Vorschläge zu
machen, die sein Vermögen und seine Verpflichtungen im Falle
seines Todes regelten, und ich zeigte ihm, daß eine Lebensversicherung die einzig richtige Lösung sei.
Er unterzog sich einer ärztlichen Untersuchung, und schließlich
war die Versicherung bereit, ihn trotz seines hohen Alters zu
versichern. Das alles benötigte jedoch ziemlich viel Zeit.
Als die Policen bereit waren, rief ich Herrn Schmidt an, um
eine Abmachung zu treffen. Als ich sein Büro betrat, blickte er
mir sehr reserviert entgegen. Ich fühlte sofort, daß irgend etwas
nicht stimmte, und ich hätte mich nicht gewundert, wenn das
rote Neonlicht erneut aufgeleuchtet wäre. Ich setzte mich wortlos und blickte ihn an.
„Herr Bettger, ich werde diese Versicherungen nicht übernehmen."
Noch nie war ich mehr überrascht, als in diesem Augenblick.
Schließlich sagte ich: „Warum?"
„Weil ich sie nicht übernehme!"
Eine peinliche Pause trat ein, während der ich wortlos dasaß.
Doch das war auch alles. Eine unangenehme Spannung lag zwi-
schen uns. Er blickte mich an, als ob ich ihm etwas zuleide getan
hätte.
Ich sagte: „Herr Schmidt, Sie gehören zu den erfolgreichsten Ge-

schäftsleuten, die ich kenne. Sie müssen für Ihr Verhalten einen Grund haben. Ich möchte ihn gerne erfahren."

Er zögerte, und ich fügte bei: „Wenn Ihre Gründe stichhaltig sind, so werde ich nichts dagegen tun können. Wenn ich Ihnen aber eine *bessere Lösung* vorschlagen kann, werden Sie dies sicher begrüßen, nicht wahr?"

„Ich habe kein Geld dafür", war seine erstaunliche Antwort.

„*Wann* haben Sie das Geld?" fragte ich unvermittelt.

„Nicht vor vier oder fünf Monaten."

„Das ist einfach", sagte ich lächelnd, „ich nehme Ihren Wechsel dafür."

„Das werden Sie nicht!"

„Warum nicht?"

„Was würden Sie mit meinem Wechsel tun?", fragte er.

„Ihn diskontieren und die Versicherungen damit bezahlen."

„Und jede Bank in Philadelphia würde wissen, daß E. A. Schmidt seine Versicherungsprämien mit Wechseln bezahlt", sagte er.

„Dann diskontiere ich den Wechsel in New York."

„Und zwei Tage später käme er nach Philadelphia! Nein, ich habe noch nie in meinem Leben Wechsel ausgestellt, und ich werde es auch jetzt nicht tun."

Es war mir klar, daß unsere Unterredung zu Ende war.

Ich kehrte in mein Büro zurück und war so deprimiert, daß ich überhaupt keine Arbeitslust mehr hatte. Es handelte sich um einen sehr großen Betrag, und ich hatte bereits auf meine Provision hin Geld ausgegeben!

Was hätte ich sagen sollen? Ich fragte mich: Welche anderen Vorschläge hätte ich anbringen können? Es mußte eine Lösung geben!

Ich überdachte noch einmal die ganze Angelegenheit Punkt für Punkt. Plötzlich kam mir eine Idee, ich griff nach dem Telefon und rief Herrn Schmidt an.

„Ich weiß die Lösung!" rief ich begeistert in den Apparat.

„Was meinen Sie damit?" fragte Schmidt kühl.

„Kann ich sofort vorbeikommen?"

„Ich kann mir nicht vorstellen, was Sie meinen. Wieviel Zeit brauchen Sie?"

„Nicht länger als zwanzig Sekunden. Ich bin in zehn Minuten bei Ihnen."

„Gut", sagte er, „ich verlasse das Büro punkt 12 Uhr, Sie müssen sich also beeilen."

Zehn Minuten später, als ich sein Büro betrat, spürte ich sofort, daß keine gute Stimmung herrschte. „Nun, was haben Sie für eine Lösung gefunden?", fragte er ungeduldig.

Ich setzte mich direkt vor sein Pult, faßte ihn fest ins Auge und sagte: „Sie diskontieren *meinen* Wechsel!"

„Sagen Sie das noch einmal", sagte er überrascht.

„Geben Sie Ihrer Bank den Auftrag, meinen Wechsel zu diskontieren, und ich zahle damit die Prämie."

„Und was dann?" fragte er.

„Wenn Sie in der Lage sind, zahlen Sie mir den Wechsel, und ich bezahle die Bank."

„Haben Sie ein Konto auf unserer Bank?"

„Nein, aber ich kann sofort eines eröffnen."

Während einiger Sekunden herrschte völliges Schweigen. Während er nachdachte, ließ ich ihn nicht aus den Augen.

„Wie wollen Sie beweisen, daß ich Ihnen dieses Geld schulde?" fragte er.

„Mit nichts", antwortete ich.

„Nehmen wir an, ich würde vorher sterben?" sagte Schmidt.

„Dann würde ich für den vollen Betrag der Versicherungen an Ihre Testamentsvollstrecker Checks abliefern. Ich bin überzeugt, daß ich keine Schwierigkeiten hätte, den Gegenwert meines Wechsels von Ihren Erben zu bekommen."

„Und wenn Sie zuerst sterben sollten?" fragte er.

„Das ist das einzige Risiko, welches ich übernehme. Und nach einer kleinen Pause fügte ich bei: „Ich habe volles Vertrauen in Sie, Herr Schmidt, daß Sie in diesem Falle das Geld meiner Witwe auszahlen werden."

Er drückte auf einen Knopf. Ein Angestellter betrat das Büro. „Schicken Sie mir Herrn Batten!"

Herr Batten war der Chefkassier der Bank. Ich wurde ihm vorgestellt. „Herr Bettger möchte bei uns ein Konto eröffnen, bringen Sie mir die nötigen Dokumente."

Vier Monate später bezahlte mir Herr Schmidt den vollen Betrag, und ich löste meinen Wechsel bei der Bank ein. Er wurde eines meiner besten Einflußzentren, und — wenn harte Arbeit einen Mann umbringen könnte, dann wäre er jung gestorben! Herr E. A. Schmidt wurde 84 Jahre alt und befand sich bis wenige Wochen vor seinem Tode bei ausgezeichneter Gesundheit.

Ich hörte einst einen Vortrag von Russel Conwell, worin er sagte: „*Was immer du tust, tue es mit ganzer Hingabe und bleibe dabei, bis es vollendet ist. Dieser Grundsatz bewährt sich immer und überall.*"

Ich versuchte, diesen Weg zu beschreiten, doch während längerer Zeit schien er sich nicht zu bewähren. Im nächsten Kapitel möchte ich Ihnen erzählen, wie es mir gelang, die Dinge zu Ende zu denken und positive Lösungen zu finden.

37.

Geben ist besser als nehmen

Der kürzeste Tag im Jahr ist für mich immer der Heilige Abend.
So gut ich auch alles vorbereite, immer bin ich in Zeitnot, und
es gibt immer etwas, das ich jeweils vergesse. Vor einigen Jahren
kam es mir in letzter Minute in den Sinn, daß ich es unterlassen
hatte, der Chefsekretärin unserer Versicherung ein Weihnachts-
geschenk zu besorgen.
Ich rief sie sofort an und fragte sie, wie lange sie noch im Büro
sei. Es ging gegen Mittag und sie wollte eben das Büro verlassen,
um noch einige Besorgungen zu machen.
Ich sagte: „Ich besitze hier noch einen Briefumschlag, den ich
Ihnen persönlich übergeben muß, aber..."
„Ach, Herr Bettger", sagte Fräulein Graham, „das sollten Sie
nicht tun! Sie wissen genau, daß ich für alles bezahlt werde, was
ich tue, und ich erwarte wirklich von Ihnen kein Geschenk."
Weihnachten war die einzige Gelegenheit, bei der ich Fräulein
Graham meine Anerkennung für die vielen Dienste, die sie mir
bei der Abwicklung meiner Geschäfte leistete, beweisen konnte.
Schließlich war sie bereit, mich in einem Geschäft in der Stadt,
wo sie eine Besorgung machen mußte, zu treffen. Ich verließ sofort das Haus und verzichtete auf das Mittagessen, weil es mir
große Befriedigung bedeutete, ihr mein Geschenk persönlich
übergeben zu können.
Nachher spürte ich, daß ich ziemlich hungrig war, und ich beschloß, im Penn Club etwas zu essen. Als ich das Restaurant

betrat, erblickte ich meinen neuen Bekannten von der Gläubigerversammlung, Henri R. Strathmann. Er saß allein an einem
Tisch.

Ich begrüßte ihn freundlich: „Frohe Weihnachten, Herr Strathmann!"

„Hallo, Herr Bettger", sagte er und er schien angenehm überrascht zu sein, daß ich ebenfalls dem Club angehörte. „Sind Sie
allein?"

„Ja, das bin ich."

„Dann setzen Sie sich doch bitte zu mir!"

„Mit Vergnügen", sagte ich. „Was tun Sie so spät noch in der
Stadt? Weihnachtseinkäufe?"

„Nein... Sie werde überrascht sein, ich komme soeben von der
Bank. Ich habe heute das größte Geschäft meines Lebens abgeschlossen!"

Ich hatte den Eindruck, er brenne darauf, mir die Geschichte
zu erzählen. „Das klingt ja interessant!" sagte ich. „Bitte erzählen
Sie mir darüber."

Sofort begann er, mir eine sehr interessante Geschichte zu erzählen, die darin gipfelte, daß er sich zum größten selbständigen
Bauunternehmer der Gegend entwickelt hatte. Damit verbunden
war natürlich ein großes Bankdarlehen.

Ich sagte: „Herr Strathmann, darf ich Ihnen eine persönliche Frage stellen?"

„Bitte!"

„Sie mußten doch sicher der Bank gewisse Sicherheiten leisten?"

„Natürlich", sagte er ohne sich zu besinnen, „ich deckte das ganze Darlehen mit meinen Wertschriften."

Er nannte mir dann den Betrag des Darlehens. Es handelte sich
um eine sehr hohe Summe, welche vollkommen durch seine
Wertpapiere gedeckt war.

Ich blickte ihn ernst an und sagte: „Herr Strathmann, wissen

Sie, was das bedeutet? Sie benötigen Lebensversicherungen im Betrage von X-Dollar!"

Wir blickten uns während fast einer Minute stumm an, und schließlich sagte er: „Warum?"

Er kannte natürlich die Antwort genau so gut wie ich, doch er wollte offenbar Zeit gewinnen.

„Wenn Ihnen etwas zustoßen sollte, während Ihre guten Wertpapiere bei der Bank deponiert sind, würde die Bank sie nicht zum Marktpreis liquidieren?"

„Ich glaube, Sie haben recht", gab er zu.

„Wäre dies nicht ein enormer Vermögensverlust?"

„Sicher."

„Würden Sie nicht ein glücklicheres Weihnachtsfest feiern können in der Gewißheit, Ihr Darlehen mit einer Lebensversicherung gedeckt zu haben? In diesem Fall würden Ihre Wertpapiere ohne jede Einbuße an Ihre Familie zurückgehen."

„Sie haben recht", gab Herr Strathmann zu.

„Sie sehen sehr gesund aus, und ich schlage vor, daß wir so rasch wie möglich die ärztliche Untersuchung hinter uns bringen. Sobald die Policen bewilligt sind, können Sie bei der Bank als zusätzliche Sicherheit deponiert werden."

Die Bibel spricht vom Brot, welches zurückkommt, wenn man es auf das Wasser wirft. Noch nie hatte sich in meinem Leben dieses Wort so schnell bewahrheitet...

Die Versicherung für Herrn Strathmann gehörte zu den größten, die ich je abschloß, doch nie wäre ich dazu gekommen, wenn ich nicht auf mein Mittagessen verzichtet hätte, um Fräulein Graham eine Freude zu bereiten.

Und andererseits hätte ich Henri Strathmann nicht kennengelernt, wenn ich nicht Gustav Weber versichert hätte. Gustav Weber hätte ich nicht getroffen, wenn ich nicht Robert Koehler versichert hätte. Robert Koehler hätte ich nie getroffen, wenn ich nicht den Kurs beim Y.M.C.A. übernommen hätte...

Und das war nur der Beginn! Es ist mir unmöglich, die endlose Kette von Beziehungen aufzuzählen, die sich aus dem Verkaufskurs beim Y.M.C.A. ergaben.

Nichts von alledem wäre realisiert worden, wenn ich diese Aufgabe *vom Geldstandpunkt* aus angefaßt hätte, erhielt ich doch für den Kurs während fünf Monaten nur 250 Dollar. Obschon ich dafür so viel Zeit geopfert hatte, bekam ich eines Tages von meinem Arbeitgeber einen Brief, worin mir mitgeteilt wurde, ich sei unter die zehn besten Agenten der Versicherung aufgerückt!

So wurde ich zum besseren Verkäufer (6):

Der Geldwert eines Kundenbesuches

Ein guter Freund, Lester H. Single, Direktor der Single Leather Company, sagte mir eines Tages: „Frank, weißt du, daß du mir eines Tages etwas gesagt hast, das mir schon am andern Tag zu einem Geschäft verholfen und mir später Tausende von Dollars eingebracht hat?"

„Wirklich? Bitte erzähle mir davon!"

„Du hast mich eines Tages besucht und wolltest mir eine Lebensversicherung verkaufen. Deine Bemühungen hatten keinen Erfolg, und als du gingst, sagte ich: Frank, es tut mir leid, daß dein Besuch nutzlos war."

„Das stimmt nicht", sagtest du lächelnd, „in Tat und Wahrheit habe ich 18 Dollar verdient, während ich mich mit dir unterhalten habe."

„Ausgezeichnet", sagte ich, „es wäre mir sonst peinlich gewesen — doch es ist mir rätselhaft, was du mit deinen 18 Dollars meinst."

„Da ich über alle meine Besuche genaue Aufzeichnungen führe, habe ich festgestellt, daß der Durchschnittswert eines Besuches 18 Dollar beträgt. Darum mache ich mir keine Sorgen darüber, ob ich bei einem Besuch etwas verkaufe oder nicht. Ich weiß, daß das Gesetz des Durchschnitts automatisch für mich arbeitet."

„Am nächsten Tag", erzählte Lester weiter, „mußte ich einer Bestattung beiwohnen. Nach der Abdankung war es bereits zu spät, um noch ins Büro zurückzukehren, und ich erinnerte mich an deine 18 Dollar. Ich entschloß mich, die Zeit auszunützen, um einen Kunden, der in der Nähe wohnte, aufzusuchen. Als ich mit ihm sprach, hörte ich die übliche Ausrede: Bedaure, aber wir benötigen zur Zeit nichts aus Ihrer Kollektion.

Als ich mich verabschiedete, sagte ich lachend: Ich danke Ihnen trotzdem Herr Jones, ich habe durch meinen Besuch immerhin 18 Dollar verdient.

Jones blickte mich erstaunt an und fragte: Was meinen Sie damit. Hierauf erzählte ich ihm deine Geschichte und erklärte ihm meine Bemerkung.

Einen Augenblick, lachte Jones, Ihr Besuch soll auch soviel wert sein, wie der eines Versicherungsvertreters. Haben Sie zum Beispiel in Ihrer Kollektion die Lederqualität X greifbar?

Es handelte sich um einen Artikel, den wir Jones noch nie geliefert hatten, und wenn ich diesen Besuch nicht gemacht hätte, wären wir damit wohl nie ins Geschäft gekommen. Mit andern Worten: Der Gewinn an diesem Auftrag war weit höher als 18 Dollar, doch wenn ich mich nicht an deine Geschichte erinnert hätte, wäre mein Besuch unterblieben."

VII. TEIL

Wenn Sie
mein eigener Bruder
wären...

38.

Warum ein guter Verkäufer versagte

An einem Januarmorgen sprach ich mit einem unserer Generalagenten über seinen besten Vertreter, mit dem ich befreundet war und den wir hier Bill Jones nennen wollen. Ich war überrascht, als mir der Agent erzählte, Bill habe seit 14 Jahren den schlechtesten Jahresabschluß gemacht.

Er sagte: „Ich bin wirklich besorgt um ihn. Noch nie habe ich Bill in einer solchen Geistesverfassung gesehen. Er weigert sich, unsere Vertreterzusammenkünfte zu besuchen, er will mit niemandem sprechen und verbittet sich jede Einmischung. Er sagte seiner Frau, wenn sie nicht sofort damit aufhöre, Geld zum Fenster hinauszuwerfen, würde er in Kürze ruiniert sein."

Ich sagte: „Könnte ich mit Bill sprechen?"

„Frank", sagte er, „wenn irgend jemand auf Bill Einfluß hat, dann bist du es."

Vorerst ließ ich mir Bills Rapporte geben. Was ich sah war unglaublich...

Ich hatte Glück: Bill befand sich allein in seinem Büro. Ich war sehr befreundet mit ihm, und nachdem ich den Raum betreten hatte, schloß ich die Tür hinter mir ab. Er war überrascht, als ich mich wortlos setzte und ihn anblickte. Ich erschrak, denn Bill sah aus wie ein Geistesgestörter. Er hatte nicht den Mut, mir in die Augen zu blicken.

„Was ist los mit dir, Bill?" fragte ich, und es ergab sich das folgende Gespräch:

Bill: Was meinst du?

Ich: Worüber machst du dir Sorgen?

Bill: (keine Antwort).

Ich: Du machst dir aber Sorgen! Was ist es?

Bill (indem er mich zum erstenmal anblickte): Mir fehlt nichts, das nicht mit Geld zu heilen wäre.

Ich: Abgesehen davon, gibt es noch etwas anderes, das dich bedrückt? Du kannst offen mit mir sprechen!

Bill: Nein, das ist das Einzige; ich weiß einfach nicht, was mit mir geschäftlich los ist. Die Sache geht mir auf die Nerven. Ich habe größte Mühe, meine Rechnungen zu bezahlen.

Ich: Wäre dir mit 25 000 Dollar gedient?

Bill: Willst du dich über mich lustig machen?

Ich: Natürlich nicht, aber ich werde dir diese 25 000 verschaffen.

Ich zog meinen Stuhl neben ihn: „Hier siehst du alles schwarz auf weiß."

Auf einem Blatt Papier zeigte ich ihm, was hier vorging:

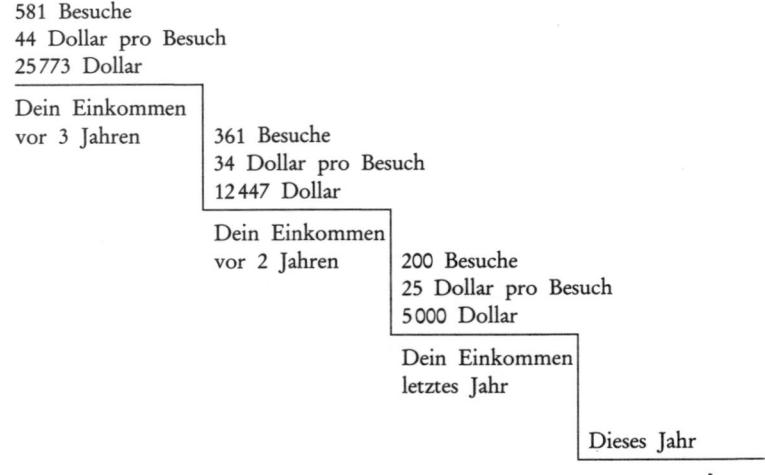

581 Besuche
44 Dollar pro Besuch
25 773 Dollar

Dein Einkommen
vor 3 Jahren

361 Besuche
34 Dollar pro Besuch
12 447 Dollar

Dein Einkommen
vor 2 Jahren

200 Besuche
25 Dollar pro Besuch
5 000 Dollar

Dein Einkommen
letztes Jahr

Dieses Jahr

?

232

Bill saß stumm da und hörte interessiert zu, während ich meine Aufzeichnungen machte.

„Hier liegt es vor dir, Bill", sagte ich, „so einfach ist es! Ich weiß, was du mitgemacht hast, denn ich habe es selber erlebt. Dir fehlt überhaupt nichts! Du bist so gut wie vor drei Jahren ein hervorragender Verkäufer, einer der besten überhaupt! Siehst du diese 25 000 Dollar an oberster Stelle unserer Treppe? In einem Jahr wirst du wieder dort stehen!"

Ich erhob mich, Bill sprang auf und drückte mir die Hand. „Frank", sagte er gerührt, „ich weiß nicht, wie ich dir danken soll." Er hatte Tränen in den Augen.

„Nein, Bill, wir sind noch nicht am Ende, denn wir wollen sicher sein, daß du nun auch *tust*, was du eingesehen hast."

...Wir verbrachten vier Stunden damit, Bills kommende Woche vorzubereiten. Wir legten am Telefon 7 Besprechungen und 2 geschäftliche Mittagessen fest; wir planten 36 Besuche während der kommenden Woche in der richtigen Reihenfolge für jeden Tag. Bill war bereit, mindestens 8 Besuche bis in alle Einzelheiten vorzubereiten, damit ihm 8 Abschlußgespräche sicher waren. Außerdem entschloß sich Bill im kommenden Jahr mindestens 720 entscheidende Verkaufsgespräche durchzuführen.

Als ich ihn verließ, wußte Bill, daß er wieder auf der obersten Stufe seiner Treppe stehen würde, und alles, was er sagen konnte, war: „Es ist einfach unglaublich!"

Bevor ich ging, sagte ich zu ihm: Bill, es gibt nun nur noch etwas, das dir ein Bein stellen kann."

„Was ist das?"

„Du selbst. Alles scheitert, wenn du auch *nur einmal deine* Arbeit nicht vorausplanst. Welchen Tag hast du zur Selbstorganisierung bestimmt?"

„Was würdest du vorschlagen?" fragte er.

„Warum versuchst du es nicht mit dem Freitag?"

Und wie entwickelte sich Bill Jones? Wir wollen einen Blick auf seine Rapporte werfen. Ein Jahr später:

549 Besuche
82 Verkäufe
1412000 Dollar Umsatz
Bills Provision   27078 Dollar.

Bill war, wie viele andere Vertreter, in den Fehler verfallen, seine Rapporte nicht mehr ernst zu nehmen. Er war der irrigen Ansicht, er könne ohne sie auskommen...

Eine der gebräuchlichsten Entschuldigungen, die Verkäufer für das Nichtführen von Rapporten vorbringen, heißt: „Ich habe keine Zeit!"

Ein Vertreter fragte einst Richard Campbell, welcher während zwölf aufeinanderfolgenden Jahren je eine Million umsetzte, wie er überhaupt die Zeit finde, um Rapporte zu führen. Dick ist ein sehr höflicher Mensch. Seine Antwort lautete: „Wenn es wahr ist, daß ich wirklich ein großer Verkäufer bin, dann bin ich es, weil ich Rapporte führe. Wenn ich Fehler mache, sehe ich es in meinen Aufzeichnungen. Dadurch allein gelingt es mir, Tiefpunkte zu überwinden und meinen Umsatz auf der Höhe zu halten."

39.

Wenn Sie mein eigener Bruder wären, würde ich Ihnen das Folgende sagen

In meinem Buch „Lebe begeistert und gewinne" (Oesch Verlag) habe ich Ihnen erzählt, wie ich an einem Samstagnachmittag auf mein Büro ging, mich dort einschloß und versuchte, mit mir ins Reine zu kommen. Ich war damals an einem Tiefpunkt angelangt, wie er schlimmer nicht zu denken ist: Ich konnte meine Schulden nicht mehr bezahlen und hatte bereits bedeutende Vorschüsse von meiner Gesellschaft bezogen.

An diesem Tag trat die Wendung ein. Zuerst dachte ich lediglich an einen improvisierten Wochenplan, ein Plan, der meine Ziellosigkeit beenden sollte. Einige Wochen später jedoch stieß ich zufällig auf ein Buch, welches auf mein ganzes Leben einen entscheidenden Einfluß hatte: die *Autobiographie Benjamin Franklins*. Als Franklin noch ein kleiner verschuldeter Buchdrucker in Philadelphia war, kam er auf eine Idee. Ein halbes Jahrhundert später schrieb er darüber ein Buch, worin er zeigt, was ihm zu Erfolg und Lebensglück verholfen hat:

Er wählte dreizehn Grundsätze, die er für seine Lebensführung als wesentlich erachtete. Jedem dieser Grundsätze widmete er während einer Woche seine volle Aufmerksamkeit. Auf diese Weise gelang es ihm, in dreizehn Wochen alle Vorsätze durchzuarbeiten und den ganzen Vorgang während eines Jahres viermal zu wiederholen. Ich dachte, was einem Genie wie Benjamin Franklin, der zu den klügsten und tüchtigsten Männern der Geschichte zählt, recht gewesen sei, könne auch mir nur gute Dienste leisten.

Ich befolgte seinen Plan genau wie er ihn aufgeschrieben hatte, wandelte jedoch die Grundsätze auf die Erfordernisse meines Berufes ab. Im letzten Teil des Buches finden Sie jede Woche mit einem andern Grundsatz versehen; an erster Stelle steht die *Begeisterung*. Am frühen Morgen und auch während des Tages wiederholte ich diese Sätze in Gedanken und ich versuchte täglich von neuem, meine Arbeitsbegeisterung zu verdoppeln. Die zweite Woche galt dem Ausbau meiner *Selbstorganisation*, und jede weitere Woche stand im Zeichen meiner Grundsätze. Am Ende des Jahres hatte ich das Programm viermal durchgearbeitet. Die Maximen waren mir in Fleisch und Blut übergegangen, und wenn ich auch in ihrer Befolgung noch keineswegs Vollkommenheit erreicht hatte, blieb ich doch bei der Sache und machte wesentliche Fortschritte. Ohne meinen Plan wäre es mir unmöglich gewesen, meine Begeisterung durchzuhalten, und es ist meine feste Überzeugung, daß man praktisch alles erreichen kann, wenn es einem gelingt, seine Begeisterung aufrecht zu erhalten.

Zwei Jahre später erlebte ich eine große Überraschung: Ich erhielt eine Einladung, vor der Vereinigung der Versicherungsfachleute einen Vortrag zu halten. Ich erinnerte mich daran, daß ich vor zwei Jahren alles aufgeben wollte — und jetzt dieser Erfolg! Kurz nachdem ich die Einladung angenommen hatte, erfuhr ich eine Enttäuschung: Ein bekannter Agent telefonierte dem Präsidenten der Vereinigung, Louis Paret, es wäre ein großer Fehler, einen Mann wie Bettger zu einem Vortrag einzuladen. So viel er wisse, sei Bettger ein primitiver, ungebildeter früherer Baseballspieler, der über keine geschäftliche Erfahrung verfüge und erst seit kurzer Zeit Verkäufer sei. Sein Vortrag würde bestimmt dem Ruf der Vereinigung schaden und falls er doch stattfinde, würde keiner seiner Vertreter anwesend sein!

Als ich dies hörte, erklärte ich mich bereit, zurückzutreten und versprach, in keiner Art und Weise beleidigt zu sein. Ich sagte: „Der Mann hat vielleicht nicht ganz Unrecht, und es wird besser sein, noch ein oder zwei Jahre zu warten."

Das Meeting fand trotzdem statt. Der Titel meines Vortrags lautete: „*Der Geldwert eines Kundenbesuches.*" Ich war überrascht, mit welcher Begeisterung er aufgenommen wurde. Der Chefvertreter jener Agentur, deren Vertreter nicht anwesend sein wollten, kam aus reiner Neugierde, doch er war der erste Zuhörer, der mir nach dem Vortrag die Hand schüttelte!

Louis Paret lud mich ein, denselben Vortrag auch vor den Vertretern der Provident Mutual Life Insurance Company zu halten. Es handelte sich um den ersten Vortrag, den ein nicht der Gesellschaft angehörender Versicherungsvertreter in diesem Kreis hielt. Ich war so aufgeregt, daß ich Mühe hatte, meine Nerven im Zaum zu halten.

Dale Carnegie, der so viel für die Erwachsenenbildung geleistet hat, sagte eines Tages zu mir: „*Frank, es ist sehr leicht möglich, daß du durch die Befolgung deines Wochenplanes in Verbindung mit deiner Selbstorganisation mehr erreicht hast, als wenn du vier Jahre die Hochschule besucht hättest.*"

Ich habe versucht, in diesem Buch nur fundamentale Grundsätze zu geben, die sich nie ändern. Wenn das Buch auch den Anschein erweckt, es sei in erster Linie für Versicherungsleute geschrieben, so können seine Ideen doch *allen Verkäufern* nützlich sein, in welcher Branche sie auch immer arbeiten.

Frank Bettgers
13-Wochen-Plan
zur
Selbstorganisierung

Nachdruck oder Vervielfältigung, auch in geänderter Form, ausdrücklich verboten. Ausschließliche Verlagsrechte, auch für besondere Ausgaben, beim OESCH VERLAG AG, CH-8152 Glattbrugg-Zürich

Wen besuche ich
und wie gelange ich ans Ziel?

Der 13-Wochen-Plan zur Selbstorganisierung.

Name: _____

Adresse: _____

Firma: _____

Beginn am: _____ 19 _____

Endend am: _____ 19 _____

Der Tagesablauf von Frank Bettger:

6	Uhr	Tagwache
6— 8	Uhr	Toilette, Frühstück, Lektüre der Morgenzeitung, Terminüberprüfung
8—12	Uhr	Geschäftsstunden
12—13	Uhr	Mittagessen
13—17	Uhr	Geschäftsstunden
17—22	Uhr	Abendbrot, Mussestunden, Detailvorbereitung auf den kommenden Tag
ab 22	Uhr	Nachtruhe

Mein eigener Tagesablauf

_____

_____

_____

_____

_____

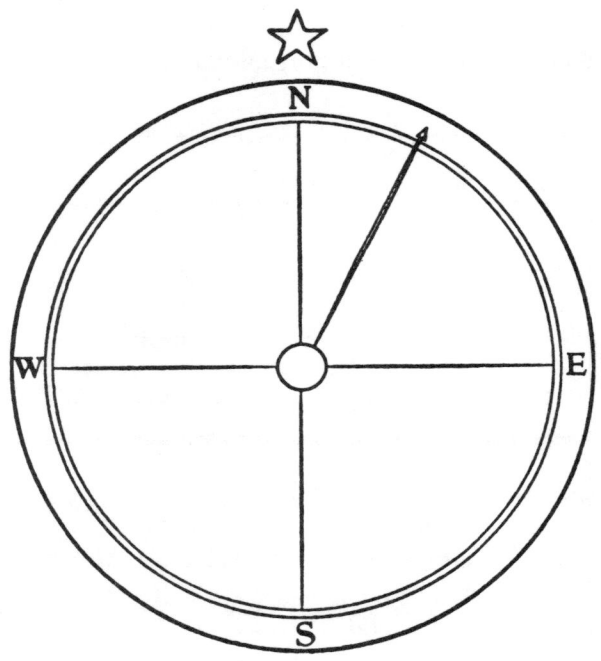

Der Kompaß zeigt vier Punkte: Nord, Ost, Süd
und West und... deinen jetzigen Standort

Dieser Plan vermittelt Ihnen die Tatsachen: Er zeigt Ihnen, *wo*
Sie heute stehen, *wohin* Sie gehen und *wie* Sie ans Ziel gelangen
können. Führen Sie ihn stets mit sich und tragen Sie während
des Tages alle nötigen Angaben ein. An Ihrem „Selbstorganisierungstag" zählen Sie die Zahl zusammen und setzen die Ergebnisse der Woche und das bisher erreichte Jahresresultat ein.
Wenn Sie diesen Plan Jahr für Jahr zuverlässig befolgen, werden

Sie bald herausfinden, daß die Verkaufsarbeit Sie begeistern und mit großer Befriedigung erfüllen wird.

Wer im Verkaufsberuf Erfolg haben will, muß sich fragen, ob er fähig ist, seine Zeit einzuteilen und zu kontrollieren. Wenn nicht, dann rate ich, einen andern Beruf zu suchen! Vielleicht sind Sie heute noch nicht meiner Ansicht, doch Sie werden versagen, so sicher wie Sie leben!

Die Verkaufstätigkeit kann nie auf den Nenner einer exakten Wissenschaft gebracht werden, so wenig wie dies bei der Medizin der Fall ist. Doch es ist erstaunlich, wie weit sie sich erfassen und vorausplanen läßt, einzig und allein, indem man die Rapporte und Aufzeichnungen eines Verkäufers studiert und sie richtig auswertet.

Bringen Sie mir einen Verkäufer, der das System dieses Planes ernsthaft und zuverlässig befolgt, und ich will Ihnen einen Mann zeigen, der unweigerlich Erfolg haben wird!

Mit besten Wünschen Ihr

Frank Bettger

Ihre persönliche Umsatzversicherung

Wochenziel

_____ Besuche

_____ Verkaufsgespräche (Abschlußversuche)

_____ Neue und empfohlene Adressen (qualifizierte Interessenten)

_____ Prozent der Besuche bei _neuen_ Interessenten.

Ergebnis: _____ Verkaufsgespräche (Abschlußversuche) x 48 Wochen

_____ Abschlußgespräche pro Jahr sichern mir

_____ Verkäufe pro Jahr

Selbstorganisierungstag

Der wichtigste Tag der Woche

8 Uhr vormittags im Büro

1. Alle Rapporte bis heute nachführen.
   Toatalergebnisse überprüfen.
   Prüfe dich selbst, ob du wirklich das tust, was du beschlossen hast, um deine Ziele zu erreichen.
2. Stelle den Plan für die nächste Woche auf.
3. Bereite dich auf jeden einzelnen Kundenbesuch vor.
   Beschaffe die Tatsachen für die vorgesehenen Abschlußgespräche.
   Sichere dir wirksame „Geschichten". Denke an die Interessen des Kunden. *Was* bringt ihn zum Handeln?
4. Triff telefonische Verabredungen.
   Versuche dabei _____ Abschlußgespräche zu arrangieren.
5. Beantworte alle Korrespondenzen und erledige alle Büroarbeiten.
6. Denke über die Maxime der Woche nach. Mache sie zu einem festen Bestandteil deiner inneren Haltung.

Kundenliste

In 60 Tagen zu bearbeiten

Verkaufsrapporte zeigen erstaunliche Differenzen in bezug auf den Verkaufserfolg und die Anzahl der Besuche beim gleichen Kunden. Während in einer Branche 68 Prozent der Verkäufe auf *neue* Kunden und den *ersten Besuch* entfallen, zeigen die Rapporte anderer Branchen, daß 80 Prozent der Bestellungen von *alten* Kunden kommen — und zwar erst beim *fünften Besuch!* Es ist darum von höchster Wichtigkeit, diese Prozentsätze auf Grund Ihrer Aufzeichnungen festzustellen und jede Woche entsprechend zu planen.

Kunden	Betrag	
	neu	alt
1.		
2.		
3.		
4.		
5.		
6.		
7.		
8.		
9.		
TOTAL		

Kunden	Betrag	
	neu	alt
10. _____		
11. _____		
12. _____		
13. _____		
14. _____		
15. _____		
16. _____		
17. _____		
18. _____		
19. _____		
20. _____		
21. _____		
22. _____		
23. _____		
24. _____		
25. _____		
26. _____		
27. _____		
28. _____		
29. _____		
30. _____		
31. _____		
32. _____		
33. _____		
34. _____		
35. _____		
TOTAL		

Kunden	Betrag	
	neu	alt
36. _____		
37. _____		
38. _____		
39. _____		
40. _____		
41. _____		
42. _____		
43. _____		
44. _____		
45. _____		
46. _____		
47. _____		
48. _____		
49. _____		
50. _____		
51. _____		
52. _____		
53. _____		
54. _____		
55. _____		
TOTAL		

Das Total sollte mindestens _____ %
des Jahreszieles ergeben, sowohl in bezug
auf Umsatz und Anzahl der Aufträge.

Erklärungen

Besuch	Versuch, mit dem entscheidenden Mann zu sprechen.
Abschlußgespräche	Versuch, ein Geschäft zum Abschluß zu bringen.
Vorbereitete Besuche	Beschaffung von Tatsachen, die den Kunden interessieren und seine Kaufbereitschaft wecken oder einen Abschluß erleichtern.
Routinebesuche	Besuche von bereits gewonnenen Kunden, Service usw.
Feste Verabredungen	Telefonisch oder persönlich getroffene Vereinbarungen.
Neue Kunden	Kunden, bei denen Sie noch nie einen Abschlußversuch unternommen oder die Sie seit einem Jahr nicht mehr auf eine Bestellung hin bearbeitet haben.

13-Wochen-Maximen
die Ihren Erfolg sichern

1. Handle begeistert!
2. Organisiere dich selbst!
3. Denke an die Interessen der andern Menschen!
4. Lerne die Kunst zu fragen!
5. Finden den Angelpunkt!
6. Verstehe es, ein guter Zuhörer zu sein!
7. Verdiene das Vertrauen des andern, sei aufrichtig!
8. Kenne deine Branche?
9. Schenke Lob und Anerkennung!
10. Hab' Sonne im Herzen!
11. Merke dir Gesichter und Namen!
12. Vergiß nie einen Kunden!
13. Aktiviere den Abschluß!

Woche vom _____

Wohin gehe ich und

Zeit	Montag	Dienstag	Mittwoch
Vormittag			
Mittagessen			
Nachmittag			

Die Maxime der Woche:

1. Handle begeistert!

250

wie gelange ich ans Ziel?

Donnerstag	Freitag	Samstag	Bemerkungen
Vormittag			*Selbstorganisierungstag* Spare Zeit, indem du die Grundsätze auf Seite 245 befolgst. Es ist nicht allzu schwer, sich zu organisieren, aber alles weitere hängt davon ab! Verlasse das Büro nie, bevor deine ganze nächste Woche durchgeplant ist. Lasse deinen Plan durch nichts und durch niemand
Mittagessen			durchkreuzen. Im Laufe der Woche wirst du versucht sein,
Nachmittag			deinen Plan zu ändern. Tue es nicht! Von Woche zu Woche wird sich deine Fähigkeit, erfolgreich zu planen, steigern. Denke die Dinge bis ans Ende durch und plane danach.

Fasse den überzeugten und feierlichen Vorsatz, deine Begeisterung zu verdoppeln, um dein privates und berufliches Leben erfolgreich zu gestalten. Werde begeistert und handle begeistert!

Wochenabschluß

Zusammenfassung der Besuche,

Führe diesen Rapport täglich nach	Besuche	Abschluß-gespräche	Feste Verab-redungen	Vor-bereitete Besuche	Besuche		Abend-besuche
					neue Kunden	alte Kunden	
Montag							
Dienstag							
Mittwoch							
Donnerstag							
Freitag							
Samstag							
Wochen-Total							
Vorausgehen-des Total							
Total bis heute Jahr							

Bisher erreichter Umsatz: _____

am _____ 19 _____

Verkaufsgespräche und Ergebnisse

Neue Kunden- adressen	Routine und Servicebesuche (sollten nach 16 Uhr stattfinden)	Total der Bestellungen		Total des Umsatzes		Total der Provision
		Anzahl	Betrag	Anzahl	Betrag	

Voraus: _____   _____ _____

im Rückstand: _____   _____ _____

253

Woche vom _____

Zeit	Montag	Dienstag	Mittwoch
Vormittag			
Mittagessen			
Nachmittag			

Die Maxime der Woche:

2. Organisiere dich selbst!

wie gelange ich ans Ziel?

Donnerstag	Freitag	Samstag	Bemerkungen
Vormittag			*Selbstorganisierungstag*
			Spare Zeit, indem du die Grundsätze auf Seite 245 befolgst. Es ist nicht allzu schwer, sich zu organisieren, aber alles weitere hängt davon ab! Verlasse das Büro nie, bevor deine ganze nächste Woche durchgeplant ist. Lasse deinen Plan durch nichts
Mittagessen			und durch niemand
Nachmittag			durchkreuzen. Im Laufe der Woche wirst du versucht sein, deinen Plan zu ändern. Tue es nicht! Von Woche zu Woche wird sich deine Fähigkeit, erfolgreich zu planen, steigern. Denke die Dinge bis ans Ende durch und plane darnach.

Halte Ordnung in allen Dingen. Gib allem seinen festen Platz.
Räume jeder Tätigkeit die ihr zukommende Zeit ein. Entschließe
dich zu dem, was du tun solltest und erfülle es unfehlbar!

Wochenabschluß

Zusammenfassung der Besuche,

Führe diesen Rapport täglich nach	Besuche	Abschluß-gespräche	Feste Verab-redungen	Vor-bereitete Besuche	Besuche		Abend-besuche
					neue Kunden	alte Kunden	
Montag							
Dienstag							
Mittwoch							
Donnerstag							
Freitag							
Samstag							
Wochen-Total							
Vorausgehen-des Total							
Total bis heute Jahr							

Bisher erreichter Umsatz: _____

am _____ 19 _____

Verkaufsgespräche und Ergebnisse

Neue Kundenadressen	Routine und Servicebesuche (sollten nach 16 Uhr stattfinden)	Total der Bestellungen		Total des Umsatzes		Total der Provision
		Anzahl	Betrag	Anzahl	Betrag	

Voraus: _____   _____ _____

im Rückstand: _____   _____ _____

Woche vom _____

Zeit	Montag	Dienstag	Mittwoch
Vormittag			
Mittagessen			
Nachmittag			

Die Maxime der Woche:

3. Denke an die Interessen der andern Menschen!

wie gelange ich ans Ziel?

Donnerstag	Freitag	Samstag	Bemerkungen
Vormittag			*Selbstorganisierungstag*
			Spare Zeit, indem du die Grundsätze auf Seite 245 befolgst. Es ist nicht allzu schwer, sich zu organisieren, aber alles weitere hängt davon ab! Verlasse das Büro nie, bevor deine ganze nächste Woche durchgeplant ist. Lasse deinen Plan durch nichts und durch niemand
Mittagessen			durchkreuzen. Im Laufe der Woche
Nachmittag			wirst du versucht sein, deinen Plan zu ändern. Tue es nicht! Von Woche zu Woche wird sich deine Fähigkeit, erfolgreich zu planen, steigern. Denke die Dinge bis ans Ende durch und plane darnach.

Das tiefste Geheimnis der Verkaufskunst liegt darin, herauszufinden, was der andere braucht, und es ihm auf dem besten Wege zu beschaffen. Denke nicht an die Dinge, die du erreichen möchtest, also nicht in erster Linie an den Abschluß, sondern an das, was du dem Kunden bieten kannst.

Wochenabschluß

Zusammenfassung der Besuche,

Führe diesen Rapport täglich nach	Besuche	Abschluß-gespräche	Feste Verab-redungen	Vor-bereitete Besuche	Besuche		Abend-besuche
					neue Kunden	alte Kunden	
Montag							
Dienstag							
Mittwoch							
Donnerstag							
Freitag							
Samstag							
Wochen-Total							
Vorausgehen-des Total							
Total bis heute Jahr							

Bisher erreichter Umsatz: _____

am _____ 19 _____

Verkaufsgespräche und Ergebnisse

Neue Kunden-adressen	Routine und Servicebesuche (sollten nach 16 Uhr stattfinden)	Total der Bestellungen		Total des Umsatzes		Total der Provision
		Anzahl	Betrag	Anzahl	Betrag	

Voraus: _____   _____ _____
im Rückstand: _____   _____ _____

Woche vom _____

Wohin gehe ich und

Zeit	Montag	Dienstag	Mittwoch
Vormittag			
Mittagessen			
Nachmittag			

Die Maxime der Woche:

4. Lerne die Kunst zu fragen!

bis _____ 19 _____

wie gelange ich ans Ziel?

Donnerstag	Freitag	Samstag	Bemerkungen
Vormittag	ı		*Selbstorganisierungstag* Spare Zeit, indem du die Grundsätze auf Seite 245 befolgst. Es ist nicht allzu schwer, sich zu organisieren, aber alles weitere hängt davon ab! Verlasse das Büro nie, bevor deine ganze nächste Woche durchgeplant ist. Lasse deinen Plan durch nichts und durch niemand durchkreuzen. Im Laufe der Woche wirst du versucht sein, deinen Plan zu ändern. Tue es nicht! Von Woche zu Woche wird sich deine Fähigkeit, erfolgreich zu planen, steigern. Denke die Dinge bis ans Ende durch und plane darnach.
Mittagessen			
Nachmittag			

Geeignete Fragen spielen bei jeder Verhandlungstechnik eine ausschlaggebende Rolle. Mache keine Feststellungen und stelle keine Behauptungen auf, sondern frage, um die Ansichten des andern kennen zu lernen und seine Gedanken in die richtigen Bahnen zu lenken.

Wochenabschluß

Zusammenfassung der Besuche,

Führe diesen Rapport täglich nach	Besuche	Abschluß-gespräche	Feste Verab-redungen	Vor-bereitete Besuche	Besuche		Abend-besuche
					neue Kunden	alte Kunden	
Montag							
Dienstag							
Mittwoch							
Donnerstag							
Freitag							
Samstag							
Wochen-Total							
Vorausgehen-des Total							
Total bis heute Jahr							

Bisher erreichter Umsatz: _____

am _____ 19 _____

Verkaufsgespräche und Ergebnisse

Neue Kunden-adressen	Routine und Servicebesuche (sollten nach 16 Uhr stattfinden)	Total der Bestellungen		Total des Umsatzes		Total der Provision
		Anzahl	Betrag	Anzahl	Betrag	

Voraus: _____   _____ _____
im Rückstand: _____   _____ _____

Woche vom _____

Wohin gehe ich und

Zeit	Montag	Dienstag	Mittwoch
Vormittag			
Mittagessen			
Nachmittag			

Die Maxime der Woche:

5. Finde den Angelpunkt!

wie gelange ich ans Ziel?

Donnerstag	Freitag	Samstag	Bemerkungen
Vormittag			*Selbstorganisierungstag*
			Spare Zeit, indem du die Grundsätze auf Seite 245 befolgst. Es ist nicht allzu schwer, sich zu organisieren, aber alles weitere hängt davon ab! Verlasse das Büro nie, bevor deine ganze nächste Woche durchgeplant ist. Lasse deinen Plan durch nichts und durch niemand durchkreuzen. Im Laufe der Woche wirst du versucht sein, deinen Plan zu ändern. Tue es nicht! Von Woche zu Woche wird sich deine Fähigkeit, erfolgreich zu planen, steigern. Denke die Dinge bis ans Ende durch und plane danach.
Mittagessen			
Nachmittag			

Das Hauptproblem des Verkaufs besteht in den folgenden Punkten: 1. das grundlegende Bedürfnis, 2. den Angelpunkt des Interesses finden und 3. unbeirrt dabei zu bleiben. Lincoln sagte: „Meinen Erfolg als Anwalt verdanke ich weitgehend der Tatsache, daß ich gerne bereit war, dem Gegenanwalt in sechs Punkten zuzustimmen, wenn ich im siebenten recht erhielt — sofern dies der wichtigste war!"

Wochenabschluß
Zusammenfassung der Besuche,

Führe diesen Rapport täglich nach	Besuche	Abschluß-gespräche	Feste Verab-redungen	Vor-bereitete Besuche	Besuche		Abend-besuche
					neue Kunden	alte Kunden	
Montag							
Dienstag							
Mittwoch							
Donnerstag							
Freitag							
Samstag							
Wochen-Total							
Vorausgehen-des Total							
Total bis heute Jahr							

Bisher erreichter Umsatz: _____

am _____ 19 _____

Verkaufsgespräche und Ergebnisse

Neue Kundenadressen	Routine und Servicebesuche (sollten nach 16 Uhr stattfinden)	Total der Bestellungen		Total des Umsatzes		Total der Provision
		Anzahl	Betrag	Anzahl	Betrag	

Voraus: _____   _____

im Rückstand: _____   _____

Woche vom _____

Zeit	Montag	Dienstag	Mittwoch
Vormittag			
Mittagessen			
Nachmittag			

Die Maxime der Woche:

6. Verstehe es, ein guter Zuhörer zu sein!

bis _____ 19 _____

wie gelange ich ans Ziel?

Donnerstag	Freitag	Samstag	Bemerkungen
Vormittag			*Selbstorganisierungstag* Spare Zeit, indem du die Grundsätze auf Seite 245 befolgst. Es ist nicht allzu schwer, sich zu organisieren, aber alles weitere hängt davon ab! Verlasse das Büro nie, bevor deine ganze nächste Woche durchgeplant ist. Lasse deinen Plan durch nichts und durch niemand durchkreuzen. Im Laufe der Woche wirst du versucht sein, deinen Plan zu ändern. Tue es nicht! Von Woche zu Woche wird sich deine Fähigkeit, erfolgreich zu planen, steigern. Denke die Dinge bis ans Ende durch und plane darnach.
Mittagessen			
Nachmittag			

Sprich deine Kunden immer und direkt von vorne an! Schenke ihnen dein ganzes Interesse! Gib den Menschen alle jene Aufmerksamkeit und Anerkennung, die jeder sucht und so selten bekommt.

Wochenabschluß

Zusammenfassung der Besuche,

Führe diesen Rapport täglich nach	Besuche	Abschluß-gespräche	Feste Verab-redungen	Vor-bereitete Besuche	Besuche		Abend-besuche
					neue Kunden	alte Kunden	
Montag							
Dienstag							
Mittwoch							
Donnerstag							
Freitag							
Samstag							
Wochen-Total							
Vorausgehen-des Total							
Total bis heute Jahr							

Bisher erreichter Umsatz: _____

am _____ 19 _____

Verkaufsgespräche und Ergebnisse

Neue Kunden-adressen	Routine und Servicebesuche (sollten nach 16 Uhr stattfinden)	Total der Bestellungen		Total des Umsatzes		Total der Provision
		Anzahl	Betrag	Anzahl	Betrag	

Voraus: _____   _____ _____

im Rückstand: _____   _____ _____

Woche vom _____

Zeit	Montag	Dienstag	Mittwoch
Vormittag			
Mittagessen			
Nachmittag			

Die Maxime der Woche:

7. Verdiene das Vertrauen des andern, sei aufrichtig!

bis ——————————— 19 ————

wie gelange ich ans Ziel?

Donnerstag	Freitag	Samstag	Bemerkungen
Vormittag			*Selbstorganisierungstag*
			Spare Zeit, indem du die Grundsätze auf Seite 245 befolgst. Es ist nicht allzu schwer, sich zu organisieren, aber alles weitere hängt davon ab! Verlasse das Büro nie, bevor deine ganze nächste Woche durchgeplant ist. Lasse deinen Plan durch nichts und durch niemand durchkreuzen. Im Laufe der Woche wirst du versucht sein, deinen Plan zu ändern. Tue es nicht! Von Woche zu Woche wird sich deine Fähigkeit, erfolgreich zu planen, steigern. Denke die Dinge bis ans Ende durch und plane darnach.
Mittagessen			
Nachmittag			

Um das Vertrauen anderer zu verdienen und es zu erhalten, müssen wir es zuerst verdienen. Denken wir an die Worte: „In allen Beziehungen zu meinen Kunden verpflichte ich mich, in jedem Fall und in Kenntnis aller näheren Umstände einem Kunden immer diejenigen Dienste zu offerieren, die ich an seiner Stelle und unter gleichen Umständen für mich selbst als richtig erachten würde."

Wochenabschluß
Zusammenfassung der Besuche,

Führe diesen Rapport täglich nach	Besuche	Abschluß-gespräche	Feste Verab-redungen	Vor-bereitete Besuche	Besuche		Abend-besuche
					neue Kunden	alte Kunden	
Montag							
Dienstag							
Mittwoch							
Donnerstag							
Freitag							
Samstag							
Wochen-Total							
Vorausgehen-des Total							
Total bis heute Jahr							

Bisher erreichter Umsatz: _____

am _____ 19 _____

Verkaufsgespräche und Ergebnisse

Neue Kunden-adressen	Routine und Servicebesuche (sollten nach 16 Uhr stattfinden)	Total der Bestellungen		Total des Umsatzes		Total der Provision
		Anzahl	Betrag	Anzahl	Betrag	

Voraus: _____   _____ _____

im Rückstand: _____   _____ _____

Woche vom _____

Wohin gehe ich und

Zeit	Montag	Dienstag	Mittwoch
Vormittag			
Mittagessen			
Nachmittag			

Die Maxime der Woche:

8. Kenne deine Branche!

bis ——————————— 19 ————

wie gelange ich ans Ziel?

Donnerstag	Freitag	Samstag	Bemerkungen
Vormittag			*Selbstorganisierungstag* Spare Zeit, indem du die Grundsätze auf Seite 245 befolgst. Es ist nicht allzu schwer, sich zu organisieren, aber alles weitere hängt davon ab! Verlasse das Büro nie, bevor deine ganze nächste Woche durchgeplant ist. Lasse deinen Plan durch nichts und durch niemand durchkreuzen. Im Laufe der Woche wirst du versucht sein, deinen Plan zu ändern. Tue es nicht! Von Woche zu Woche wird sich deine Fähigkeit, erfolgreich zu planen, steigern. Denke die Dinge bis ans Ende durch und plane danach.
Mittagessen			
Nachmittag			

Um Vertrauen in sich selbst und dasjenige anderer zu gewinnen, müssen wir unsere Geschäfte und alles, was damit zusammenhängt, durch und durch kennen. Wir müssen täglich dafür sorgen, daß unsere Kenntnisse der Entwicklung Schritt für Schritt folgen.

Wochenabschluß

Zusammenfassung der Besuche,

Führe diesen Rapport täglich nach	Besuche	Abschluß-gespräche	Feste Verab-redungen	Vor-bereitete Besuche	Besuche		Abend-besuche
					neue Kunden	alte Kunden	
Montag							
Dienstag							
Mittwoch							
Donnerstag							
Freitag							
Samstag							
Wochen-Total							
Vorausgehen-des Total							
Total bis heute Jahr							

Bisher erreichter Umsatz: _____

am _____ 19 _____

Verkaufsgespräche und Ergebnisse

Neue Kunden-adressen	Routine und Servicebesuche (sollten nach 16 Uhr stattfinden)	Total der Bestellungen		Total des Umsatzes		Total der Provision
		Anzahl	Betrag	Anzahl	Betrag	

Voraus: _____   _____ _____

im Rückstand: _____   _____ _____

Woche vom _____

Wohin gehe ich und

Zeit	Montag	Dienstag	Mittwoch
Vormittag			
Mittagessen			
Nachmittag			

Die Maxime der Woche:

9. Schenke Lob und Anerkennung!

bis _____ 19 _____

wie gelange ich ans Ziel?

Donnerstag	Freitag	Samstag	Bemerkungen
Vormittag			*Selbstorganisierungstag* Spare Zeit, indem du die Grundsätze auf Seite 245 befolgst. Es ist nicht allzu schwer, sich zu organisieren, aber alles weitere hängt davon ab! Verlasse das Büro nie, bevor deine ganze nächste Woche durchgeplant ist. Lasse deinen Plan durch nichts und durch niemand durchkreuzen. Im Laufe der Woche wirst du versucht sein, deinen Plan zu ändern. Tue es nicht! Von Woche zu Woche wird sich deine Fähigkeit, erfolgreich zu planen, steigern. Denke die Dinge bis ans Ende durch und plane darnach.
Mittagessen			
Nachmittag			

Jedermann schätzt es, wenn man ihn achtet. Die Menschen hungern nach Lob und aufrichtiger Anerkennung. Zeige ihnen, daß du an sie und ihre Fähigkeiten glaubst. Wenn deine Absichten ehrlich gemeint sind, gibt es nichts, das mehr geschätzt wird.

Wochenabschluß

Zusammenfassung der Besuche,

Führe diesen Rapport täglich nach	Besuche	Abschluß-gespräche	Feste Verab-redungen	Vor-bereitete Besuche	Besuche		Abend-besuche
					neue Kunden	alte Kunden	
Montag							
Dienstag							
Mittwoch							
Donnerstag							
Freitag							
Samstag							
Wochen-Total							
Vorausgehen-des Total							
Total bis heute Jahr							

Bisher erreichter Umsatz: _____

am _____ 19 _____

Verkaufsgespräche und Ergebnisse

Neue Kunden-adressen	Routine und Servicebesuche (sollten nach 16 Uhr stattfinden)	Total der Bestellungen		Total des Umsatzes		Total der Provision
		Anzahl	Betrag	Anzahl	Betrag	

Voraus: _____   _____ _____
im . Rückstand: _____   _____ _____

Woche vom _____

Wohin gehe ich und

Zeit	Montag	Dienstag	Mittwoch
Vormittag			
Mittagessen			
Nachmittag			

Die Maxime der Woche:

10. Hab' Sonne im Herzen!

bis _____ 19 _____

wie gelange ich ans Ziel?

Donnerstag	Freitag	Samstag	Bemerkungen
Vormittag			*Selbstorganisierungstag* Spare Zeit, indem du die Grundsätze auf Seite 245 befolgst. Es ist nicht allzu schwer, sich zu organisieren, aber alles weitere hängt davon ab! Verlasse das Büro nie, bevor deine ganze nächste Woche durchgeplant ist. Lasse deinen Plan durch nichts und durch niemand durchkreuzen. Im Laufe der Woche wirst du versucht sein, deinen Plan zu ändern. Tue es nicht! Von Woche zu Woche wird sich deine Fähigkeit, erfolgreich zu planen, steigern. Denke die Dinge bis ans Ende durch und plane darnach.
Mittagessen			
Nachmittag			

Wer überall willkommen sein will, muß der Welt ein frohes Gesicht zeigen! Dein Lächeln muß von innen kommen. Es soll der Ausdruck einer positiven, freundlichen Haltung sein. Mache die Probe! Zeige allen Menschen, auch deiner Frau und deinen Kindern, ein Lächeln, und du wirst sehen, wieviel vorteilhafter du wirkst und wieviel wohler dir dabei zu Mute ist.

Wochenabschluß

Zusammenfassung der Besuche,

Führe diesen Rapport täglich nach	Besuche	Abschluß-gespräche	Feste Verab-redungen	Vor-bereitete Besuche	Besuche		Abend-besuche
					neue Kunden	alte Kunden	
Montag							
Dienstag							
Mittwoch							
Donnerstag							
Freitag							
Samstag							
Wochen-Total							
Vorausgehen-des Total							
Total bis heute Jahr							

Bisher erreichter Umsatz: _____

am _____ 19 _____

Verkaufsgespräche und Ergebnisse

Neue Kunden-adressen	Routine und Servicebesuche (sollten nach 16 Uhr stattfinden)	Total der Bestellungen		Total des Umsatzes		Total der Provision
		Anzahl	Betrag	Anzahl	Betrag	

Voraus: _____ _____ _____

im Rückstand: _____ _____ _____

Woche vom _____

Zeit	Montag	Dienstag	Mittwoch
Vormittag			
Mittagessen			
Nachmittag			

Die Maxime der Woche:

11. Merke dir Gesichter und Namen!

bis _____ 19 _____

wie gelange ich ans Ziel?

Donnerstag	Freitag	Samstag	Bemerkungen
Vormittag			*Selbstorganisierungstag*
			Spare Zeit, indem du die Grundsätze auf Seite 245 befolgst. Es ist nicht allzu schwer, sich zu organisieren, aber alles weitere hängt davon ab! Verlasse das Büro nie, bevor deine ganze nächste Woche durchgeplant ist. Lasse deinen Plan durch nichts und durch niemand durchkreuzen. Im Laufe der Woche wirst du versucht sein, deinen Plan zu ändern. Tue es nicht! Von Woche zu Woche wird sich deine Fähigkeit, erfolgreich zu planen, steigern. Denke die Dinge bis ans Ende durch und plane danach.
Mittagessen			
Nachmittag			

1. *Schaue die Menschen richtig an! Nimme eine „geistige Photographie" in dich auf!*
2. *Wiederhole den Namen in Worten und Gedanken so oft wie möglich. Man erinnert sich an alles, wenn man es genügend oft wiederholt.*
3. *Verbinde den Namen mit irgendeiner Vorstellung, die dir hilft, ihn ins Gedächtnis zurückzurufen.*

Wochenabschluß

Zusammenfassung der Besuche,

Führe diesen Rapport täglich nach	Besuche	Abschluß-gespräche	Feste Verab-redungen	Vor-bereitete Besuche	Besuche		Abend-besuche
					neue Kunden	alte Kunden	
Montag							
Dienstag							
Mittwoch							
Donnerstag							
Freitag							
Samstag							
Wochen-Total							
Vorausgehen-des Total							
Total bis heute Jahr							

Bisher erreichter Umsatz: _____

am _____ 19 _____

Verkaufsgespräche und Ergebnisse

Neue Kunden- adressen	Routine und Servicebesuche (sollten nach 16 Uhr stattfinden)	Total der Bestellungen		Total des Umsatzes		Total der Provision
		Anzahl	Betrag	Anzahl	Betrag	

Voraus: _____   _____ _____

im Rückstand: _____   _____ _____

Woche vom _____

Zeit	Montag	Dienstag	Mittwoch
Vormittag			
Mittagessen			
Nachmittag			

Die Maxime der Woche:

12. Vergiß nie einen Kunden!

bis _____ 19 _____
wie gelange ich ans Ziel?

Donnerstag	Freitag	Samstag	Bemerkungen
Vormittag			*Selbstorganisierungstag* Spare Zeit, indem du die Grundsätze auf Seite 245 befolgst. Es ist nicht allzu schwer, sich zu organisieren, aber alles weitere hängt davon ab! Verlasse das Büro nie, bevor deine ganze nächste Woche durchgeplant ist. Lasse deinen Plan durch nichts und durch niemand durchkreuzen. Im Laufe der Woche wirst du versucht sein, deinen Plan zu ändern. Tue es nicht! Von Woche zu Woche wird sich deine Fähigkeit, erfolgreich zu planen, steigern. Denke die Dinge bis ans Ende durch und plane danach.
Mittagessen			
Nachmittag			

1. Vergiß nie einen Kunden und lasse keinen Kunden dich vergessen.

2. Neue Kunden sind die beste Quelle neuer Geschäfte.

3. Lasse ein Geschäft nie auf ein Stumpengeleise auslaufen. Bereite das nächste vor!

Wochenabschluß

Zusammenfassung der Besuche,

Führe diesen Rapport täglich nach	Besuche	Abschluß-gespräche	Feste Verab-redungen	Vor-bereitete Besuche	Besuche		Abend-besuche
					neue Kunden	alte Kunden	
Montag							
Dienstag							
Mittwoch							
Donnerstag							
Freitag							
Samstag							
Wochen-Total							
Vorausgehen-des Total							
Total bis heute Jahr							

Bisher erreichter Umsatz: _____

am _____ 19 _____

Verkaufsgespräche und Ergebnisse

Neue Kunden-adressen	Routine und Servicebesuche (sollten nach 16 Uhr stattfinden)	Total der Bestellungen		Total des Umsatzes		Total der Provision
		Anzahl	Betrag	Anzahl	Betrag	

Voraus: _____   _____ _____

im Rückstand: _____   _____ _____

Woche vom _____

Zeit	Montag	Dienstag	Mittwoch
Vormittag			
Mittagessen			
Nachmittag			

Die Maxime der Woche:

13. Aktiviere den Abschluß!

bis _____ 19 _____

wie gelange ich ans Ziel?

Donnerstag	Freitag	Samstag	Bemerkungen
Vormittag			*Selbstorganisierungstag* Spare Zeit, indem du die Grundsätze auf Seite 245 befolgst. Es ist nicht allzu schwer, sich zu organisieren, aber alles weitere hängt davon ab! Verlasse das Büro nie, bevor deine ganze nächste Woche durchgeplant ist. Lasse deinen Plan durch nichts und durch niemand durchkreuzen. Im Laufe der Woche wirst du versucht sein, deinen Plan zu ändern. Tue es nicht! Von Woche zu Woche wird sich deine Fähigkeit, erfolgreich zu planen, steigern. Denke die Dinge bis ans Ende durch und plane darnach.
Mittagessen			
Nachmittag			

1. *Bevor du das Büro eines Kunden betrittst, sage dir: „Dies wird mein bestes Verkaufsgespräch werden!"*
2. *Die Worte eines Menschen bedeuten noch lange nicht seine wahre Haltung. Wer Einwände macht, will damit nicht sagen, daß er nicht kaufen wird, sondern lediglich, daß wir ihn noch nicht überzeugt haben. Einwände beweisen, daß es uns noch nicht gelungen ist, die Kauflust zu wecken.*

Wochenabschluß

Zusammenfassung der Besuche,

Führe diesen Rapport täglich nach	Besuche	Abschluß-gespräche	Feste Verab-redungen	Vor-bereitete Besuche	Besuche		Abend-besuche
					neue Kunden	alte Kunden	
Montag							
Dienstag							
Mittwoch							
Donnerstag							
Freitag							
Samstag							
Wochen-Total							
Vorausgehen-des Total							
Total bis heute Jahr							

Bisher erreichter Umsatz: _____

am _____ 19 _____

Verkaufsgespräche und Ergebnisse

Neue Kunden- adressen	Routine und Servicebesuche (sollten nach 16 Uhr stattfinden)	Total der Bestellungen		Total des Umsatzes		Total der Provision
		Anzahl	Betrag	Anzahl	Betrag	

Voraus: _____   _____ _____
im Rückstand: _____   _____ _____

Neue empfohlene Interessenten

Sichere dir täglich _____ Namen neuer, qualifizierter
Interessenten

| Name | Empfohlen durch: | |
	Name:	Gemeldete Resultate

Übertrage diese Namen täglich auf eine Kundenkarte!

Neue empfohlene Interessenten

Sichere dir täglich _____ Namen neuer, qualifizierter Interessenten

| Name | Empfohlen durch: | |
	Name:	Gemeldete Resultate

Übertrage diese Namen täglich auf eine Kundenkarte!

Neue empfohlene Interessenten

Sichere dir täglich _____ Namen neuer, qualifizierter
Interessenten

| Name | Empfohlen durch: | |
	Name:	Gemeldete Resultate

Übertrage diese Namen täglich auf eine Kundenkarte!

Neue empfohlene Interessenten

Sichere dir täglich _____ Namen neuer, qualifizierter
Interessenten

| Name | Empfohlen durch: | |
	Name:	Gemeldete Resultate

Übertrage diese Namen täglich auf eine Kundenkarte!

Resultat

Abgeschlossene Aufträge während 13 Wochen

Name	Betrag	Name	Betrag
		Jahrestotal	
		13 Wochen	
		Bisher	

Analyse

Das Studium Ihrer Rapporte und Aufzeichnungen vermittelt
Ihnen mehr Anregung als irgend etwas anderes

Vergleiche mit früheren Rapporten

1. Wieviel beträgt die durchschnittliche Provision pro Auftrag?
2. Wie hoch ist die Durchschnittssumme pro Auftrag?
3. Wieviele Abschlußgespräche pro Besuch habe ich unternommen?
4. Wieviele Verkäufe beim ersten Gespräch?
5. Wieviele Verkäufe beim zweiten Gespräch?
6. Wieviele Verkäufe beim dritten Gespräch?
7. Habe ich bei *jedem* Kundenbesuch (ob erfolgreich oder nicht) nach den Namen von *neuen* Interessenten gefragt?
8. Wieviele Kundenbesuche habe ich pro Woche durchschnittlich sorgfältig bis in alle Einzelheiten vorbereitet?
9. Wieviele Verkäufe erzielte ich bei *bisherigen* Kunden?
10. Habe ich Benjamin Franklins Regel befolgt und die Maxime der Woche beachtet?

Sichere dir den Erfolg!

Wenn deine Resultate unbefriedigend sind, studiere erneut
deine Rapporte — und du wirst den Grund dafür finden!

Fürchte keinen Mißerfolg!

Bleibe bei der planmäßigen Arbeit. Jede Woche, jeder Monat wird neue Erfolge bringen. Morgen scheint dir leicht, was dir heute unmöglich vorkommt. Dieser Arbeitsplan wird deine Begeisterung anfachen und aufrecht erhalten.

Bücher für positive Lebensgestaltung

Unsere Zweifel sind Verräter. Sie halten uns davon zurück, einen Versuch zu wagen, und damit machen sie uns oft dort zum Verlierer, wo wir gewinnen könnten.

Shakespeare

Frank Bettger

Lebe begeistert und gewinne!

Mit einem Vorwort von Dale Carnegie.
Vollständig überarbeitete und erweiterte Neuausgabe.
256 Seiten, gebunden, mit Schutzumschlag, Leseband

Frank Bettger ist in den USA zur Legende geworden, und seine Karriere mutet typisch amerikanisch an. Nachdem er in verschiedenen Jobs erfolglos tätig war, entdeckte er seine Berufung zum Verkäufer. Bald wurde er zum erfolgreichsten Verkäufer ganz Amerikas und vermittelte seine Methode in Büchern und Vortragsreisen.

OESCH VERLAG
Klausstraße 10, CH-8008 Zürich

Erhältlich in Ihrer Buchhandlung.
Bitte verlangen Sie das kostenlose Gesamtverzeichnis
«Bücher für positive Lebensgestaltung»
direkt beim Verlag.

Bücher für positive Lebensgestaltung

Ein begabter Violinist, der sich nicht um sein Instrument kümmert, der es nicht stimmt, wird nie seiner Geige die Töne entlocken, die seiner Begabung entsprechen. Margarete Friebe

Kenneth Blanchard/
Norman Vincent Peale

Positiv führen

Ohne krumme Touren zum Erfolg. Aus dem Amerikanischen übertragen von Alfred Wettstein

200 Seiten, zahlreiche Checklisten und Arbeitshilfen, gebunden, mit Schutzumschlag, Leseband

Die Regeln ethisch korrekter Unternehmensführung und die Gründe, die dafür sprechen, ohne krumme Touren zum Erfolg zu gelangen.

Hierin liegt die große Chance für jeden, die eigene Persönlichkeit weiterzuentwikkeln und den Charakter zu festigen.

OESCH VERLAG
Klausstraße 10, CH-8008 Zürich

Erhältlich in Ihrer Buchhandlung.
Bitte verlangen Sie das kostenlose Gesamtverzeichnis
«Bücher für positive Lebensgestaltung»
direkt beim Verlag.

Bücher für positive Lebensgestaltung

*Brennholz verkauft man
nicht im Wald
und Fische nicht am See.*
Chinesisches Sprichwort

Zig Ziglar

Der totale Verkaufserfolg

Das Geheimnis des
erfolgreichen Geschäfts-
abschlusses.
454 Seiten, Leinen mit
Schutzumschlag.

Theorie ist gut – Praxis ist besser. Ob Sie ein Produkt, eine Dienstleistung oder eine Idee anbieten – immer werden Sie dafür Ihre Überzeugungskraft einsetzen müssen. Überzeugungskraft als solche wird aber dem Menschen nicht in die Wiege gelegt – sie muß und kann erlernt werden. Zig Ziglar ist ein ausgesprochener Praktiker und eine der bekanntesten Autoritäten auf dem Gebiet der Verkäuferschulung in den USA. Er zeigt hier an über 100 Fallbeispielen aus der Praxis, wie Überzeugungskunst erlernt werden kann.

OESCH VERLAG
Klausstraße 10, CH-8008 Zürich

Erhältlich in Ihrer Buchhandlung.
Bitte verlangen Sie das kostenlose Gesamtverzeichnis
«Bücher für positive Lebensgestaltung»
direkt beim Verlag.